4차 산업혁명과 인간의 미래,

나는 **어떤 인재**가 되어야 할까

최연구(한국과학창의재단 연구위원) 지음

살림Friends

머리말

알기 쉬운 '4차 산업혁명과 인간의 미래'

제4차 산업혁명이 뭘까요. 많이 들어는 봤지만 막상 그게 뭔지 이야기해보라고 하면 제대로 답변할 수 있는 사람은 많지 않을 겁니다. "벌써 제4차 산업혁명이라구요?"라며 반문하는 사람도 있을 거고, "제1차, 제2차 산업혁명도 모르겠는데…" 하는 사람도 있을 겁니다.

사실 제4차 산업혁명이라는 용어는 교과서에 나오지 않습니다. 산업혁명이라는 용어는 학술적인 공식용어도 아니고 개념에 대한 충분한 사회적 합의가 이루어진 것도 아닙니다. '혁명'이라는 용어를 쓸 만큼 광범위한 변화는 아니라고 주장하는 사람도 있고, 제4차 산업혁명이란 실체가 없으며 그저 제3차 산업혁명이나 디지털혁명의 연장 정도에 불과할 뿐이라고 반박하는 전문가도 있습니다. 역사적으로 보더라도 산업혁명이 영국에서 처음 일어났을 때 "이게 바로 산업혁명이야"라고 규정하면서 진행되었던 것은 아닙니다. 그로부터 약 1세기가 지난 뒤에서야 비로소 당시의 급격한 산업 변화를 가리켜 산업혁명이라고 이름을 붙였던 겁니다.

지금의 제4차 산업혁명도 훗날 다르게 이름 붙여질지 모릅니다. 하지만 그거야 먼 훗날의 문제이고, 지금 당장은 우리 정부와 산업계, 그리고 많은 전문가가 제4차 산업혁명이라는 용어를 많이 사용한다는 게 중요하겠지요. 정부 정책에서도 매우 중요하게 다루어지고 있습니다.

일반 국민들은 제4차 산업혁명이라는 용어보다는 인공지능, 사물인터넷, 5G, 자율주행 자동차, 블록체인 등 개별적인 첨단기술에 오히려 더 관심을 가질 것입니다. 첨단기술의 발전과 여러 기술 간의 융합으로 인해 산업 현장과 사회 전반에 걸쳐 큰 변화가 일어나고 있고 각 개인의 삶도 크고 작은 영향을 받을 것이기 때문입니다. 그래서 사람들은 제4차 산업혁명이 뭔지 정확하게 정의하는 것보다는, 이 변화의 시기에 나는 무엇을 해야 하는지에 더 관심을 가지고 있습니다.

아시다시피 최초의 산업혁명이 일어난 것은 18세기 후반입니다. 1763년 엔지니어였던 제임스 와트는 글래스고대의 존 앤더슨 교수로부터 당시에 많이 사용되던 펌프인 뉴커먼 기관의 수리를 부탁받고 그 약점을 보완해 증기기관을 만들었습니다. 와트가 증기기관에 대한 특허를 낸 것은 1769년인데, 이를 산업혁명의 기점으로 한다면 산업혁명의 역사는 기껏해야 250년 정도밖에 안 됩니다.

그런데 현재의 인류, 즉 현생인류가 처음 출현한 것은 언제쯤입니까. 약 20만 년 전입니다. 그렇다면 20만 년 인류의 역사에 비하면 산업혁명의 역사는 아주 짧습니다. 20만 년 인류사에서 산업혁명의 역사는 겨우 800분의 1 정도밖에 안 됩니다. 좀 더 먼 옛날을 생각해 봅시다. 인류가 출현하기 이전에도 생명체가 있었습니다. 그보다 더 거슬러 올라가면 지구, 은하계, 우주의 탄생이 있었습니다. 모든 것의 시작은 우주가 탄생한 빅뱅이었습니다. 빅뱅(Big Bang)은 138억 년 전에 있었고 지구의 탄생은 46억 년 전입니다. 지구와 우주의 역사에 비하면 산업혁명의 역사는 정말 티끌 정도밖에 되지 않을 것입니다.

현생인류 호모 사피엔스의 역사는 길게 잡으면 약 20만 년이지만 사실, 인간이 발전된 기술 문명을 이루며 살기 시작한 것은 그리 오래되지 않았습니다. 농경이 시작된 1만 년 전부터 정착생활이 시작되었고, 인간이 인간 자신의 능력에 대한 믿음을 가지면서 근대적인 인문학과 과학기술을 본격적으로 발전시킨 것은 14~15세기 르네상스와 16~17세기 과학혁명을 거치면서였습니다. 18세기 후반에 시작된 산업혁명으로 기술문명은 눈부시게 발전했고, 오늘날과 같은 고도로 발전된 과학기술사회를 이룩할 수 있었습니다. 그렇게 본다면 인간은 우주, 지구의 역사나 현생인류의 역사에 비추어볼 때 아주 짧은 시간 동안 빠르게 문명을 건설했고, 우주만물의 영장이라는 지위에까지 올랐습니다. 우주 탄생부터 현재의 인류에 이르기까지 기나긴 과정 속에서 인류의 진화와 발전을 생각해볼 때 우리는 다시금 인간의 위대함을 느낄 수 있습니다.

인간은 '생각하는 갈대'라고 합니다. 프랑스의 수학자이자 철학자였던 블레즈 파스칼이 남겼던 유명한 말입니다. 그는 『팡세(우리말로는 수상록)』라는 책에서 이렇게 썼습니다.

> "인간은 자연 중에서 가장 연약한 하나의 갈대에 불과하다. 자연 중에서 가장 약한 존재다. 그러나 생각하는 갈대다. 그를 파괴하기 위해서는 우주가 무장할 필요는 없다. 한 줄기 증기, 한 방울의 물을 가지고도 그를 죽이기에 충분하다. 그러나 우주가 그를 무찌른다 해도 인간은 자기를 죽이는 자보다

한층 더 고귀하다. 인간은 자기가 반드시 죽는다는 사실과 우주가 자기보다 우월하다는 사실을 알고 있지만, 우주는 그것을 전혀 모르고 있기 때문이다."[1]

인간의 위대한 힘은 생각으로부터 나옵니다. 인간은 호기심을 갖고 질문을 하고 생각을 하고 또한 탐구를 합니다. 그렇게 해서 인간은 과학과 지식을 만들어왔습니다. 과학과 지식을 바탕으로 인간은 인간에게 유용한 것을 만들 수 있는 기술을 발전시켜왔습니다. 또한 인간은 다른 동물과 구분되는 인간만의 문화를 창조해 인간답게 살아왔습니다. 과학과 기술과 문화는 인간이 만물의 영장이 될 수 있게 만든 힘이라고 할 수 있습니다.

이제 인간은 제4차 산업혁명이라는 거대한 변화의 흐름을 맞고 있습니다. 제4차 산업혁명으로 사회는 어떻게 변화할까요. 10년 후, 20년 후 미래의 우리사회는 어떻게 바뀔까요. 우리가 우주의 역사로

1 『팡세』, 파스칼, 방곤 옮김, 신원출판사, 2003, 239쪽.

부터 시작해 인류의 역사, 산업혁명의 역사를 살펴보는 것은 인류가 어떻게 발전해왔으며 현재 어느 지점에 와 있는가를 제대로 이해하기 위해서입니다. 하지만 더 궁극적인 목적은 인류의 미래를 전망하고 예측하는 것입니다.

인간은 누구나 미래에 대한 관심을 갖고 있습니다. 누구나 자신의 미래를 알고 싶어합니다. 이것은 단순한 궁금증 때문이 아닙니다. 지금보다 나은 미래를 살고 싶기 때문일 것입니다. 이 책에서 이야기하고자 하는 바를 짧게 요약해보면 다음과 같습니다.

우주의 역사에 비하면 인간의 역사는 짧지만, 인간은 짧은 기간 안에 만물의 영장이 될 수 있었습니다. 그것은 인간의 위대함 때문입니다. 인간이 위대한 것은 무엇보다 인간이 생각하는 동물이기 때문입니다. 인간은 생각하고 탐구하고 상상하면서 과학과 기술을 발전시켰고, 이런 문명의 이기를 누리면서 자신의 삶을 즐기는 문화를 발전시켜왔습니다. 지금 제4차 산업혁명을 맞아 인간은 고도의 첨단기술을 발전시키고 있고 인공지능, 사물인터넷, 자율주행 자동차 등의 기술은 엄청난 변화를 가져올 것입니다. 변화의 흐름을 정확히 파악해야 미래를 예측하고 준비할 수 있습니다.

가장 중요한 것은 이 모든 변화에서 인간이 중심이 돼야 한다는 것입니다. 기술은 사회를 변화시키지만 기술을 만드는 것은 인간이며, 과학기술을 비롯한 모든 것은 인간을 위한 것이 돼야 합니다.

지금 시중 서점에 가보면 제4차 산업혁명에 대한 책들이 엄청나게 많이 나와 있습니다. 한 온라인 서점 사이트에서 '제4차 산업혁명'을 치니 약 600권의 책이 검색됩니다. 제4차 산업혁명은 시대적인 화두이기도 하지만 우리의 미래가 달린 중요한 주제입니다. 시중에 나와 있는 책들은 대부분 제4차 산업혁명의 핵심기술, 직업의 변화, 미래교육 등 세분화된 주제들을 다루고 있습니다. 이런 책들은 특정 주제에 대해서는 자세하게, 그리고 전문적으로 이야기하지만 미래에 대한 전망이나 인류 역사에 대한 큰 그림을 제시하지는 않습니다. 말하자면 나무만 보고 숲을 보지 않는다는 것입니다.

여기에서 숲이란 인류의 과거, 현재, 미래라는 큰 그림을 말합니다. 또한 대부분의 책들이 전문서적이라서 청소년들이 읽고 미래에 대해 생각해볼 만한 책은 거의 없습니다. 중고등학생들도 쉽게 읽고 이해할 수 있는 책을 만들어보자는 것이 원래 이 책을 쓰게 된 이유입니다. 사실 제4차 산업혁명과 인간의 미래는 기성세대보다는 미래의 주역이 될 청소년들이 더 많은 관심을 가져야 합니다.

아무쪼록 이 책이 세상의 변화를 이해하는 데 조금이라도 도움이 되기를 바라고, 독자들이 인간의 미래와 자신의 미래를 그려보는 소중한 계기가 되었으면 하는 바람입니다. 이 책의 일부 내용은 필자가 「한국일보」「아주경제신문」 등에 썼던 칼럼을 바탕으로 다시 쓴 글임을 미리 밝혀둡니다. 이 책을 읽는 것이 마음의 양식뿐만 아니라 자신의 미래를 설계하는 출발점이 된다면 필자로서는 더없는 기쁨이겠습니다. 마지막으로 책 출판을 제안해주고 격려해준 살림출판사의 김광숙 상무님께 고마움을 전하고 또한 한 권의 책으로 만들어지기까지 수고해주신 정현미 이사님과 심만수 사장님께 감사드립니다.

2018년 3월 선정릉에서,

저자 최연구

차례

제4장 산업혁명의 시대

제5장 새로운 도전, 제4차 산업혁명

제6장 제4차 산업혁명과 인간의 미래

제1장

우주의 역사와 인간의 역사

○●○

한 위대한 예술가 이야기로 시작하겠습니다. 폴 고갱(Paul Gauguin)이라는 프랑스 화가가 있습니다. 아마 미술 교과서에도 고갱의 그림이 실려 있을 겁니다. 빈센트 반 고흐(Vincent van Gogh), 폴 세잔(Paul Cézanne)과 함께 후기 인상파의 3대 화가 중 한 명으로 손꼽히는 유명한 사람입니다. 원색의 강렬한 색채로 해바라기 그림을 그렸던 고흐와 개인적으로 아주 친해서 「고흐를 위한 자화상」이라는 그림도 그렸으며, 「황색 그리스도」「설교 뒤의 환상(천사와 씨름하는 야곱)」「타히티의 여인들」 등의 작품을 남겼습니다. 고갱은 1848년 세계 문화예술의 중심인 파리에서 태어났습니다. 젊었을 때는 선원 생활도 하고 증권거래소에서도 일했습니다. 피사로, 세잔 등 당대의 유명한 화가들과 만나면서 그는 화가가 되어야겠다고 결심하고 그림을 그리기 시작합니다. 고흐를 만난 건 그 후입니다. 그는 고흐와 같이 살면서 '절친'이 되었고 돈독한 우정을 쌓았습니다. 함께 살던 고흐는 정신병에 시달려 자신의 귀를 자르는 극단적인 일을 벌이기도 합니다. 고갱과 고흐 두 사람은 종종 다투기도 했지만 두 사람의 우정은 변함이 없었습니다. 말년에 고갱은 문명세계에 대한 혐오감을 느끼고 순수한 자연을 동경하게 됩니다. 결국 프랑스를 떠나 '타히티(Tahiti)'라는 섬으로 건너갔습니다. 타히티는 남태평양에 있는 섬으로 프랑스령 폴리네시아에 속합니다. 프랑스어로는 '타이티'라고 발음합니다. 면적이 약 1,000제곱킬로미터이니까 제주도의 반 정도 되는 섬입니다. 산업혁명으로 문명은 고도로 발전했지만 복잡하고 각박하기만 한 도시를 떠난 고갱은 남은 인생동안 때 묻지 않은 자연을 벗 삼아 순수한 예술을 하고자 마음먹었던 것입니다. 타히티 섬에서 그는 혼신의 힘을 다해 작품 활동을 했고 그곳에서 그림을 그리다 1903년 심장마비로 사망했습니다.

○●○

우리는 어디에서 왔는가

고갱은 생전에 많은 그림을 그렸습니다. 그가 마지막으로 남겼던 작품은 「우리는 어디에서 왔는가, 우리는 누구인가, 우리는 어디로 가는가」라는 긴 제목의 대작입니다. 제목이 참 특이한데, 특이한 제목만큼이나 매우 철학적인 작품입니다. 이 그림은 고갱이 스스로의 삶을 돌아보면서 인생에 대해 고민한 고뇌의 결과물이라고 합니다. 고갱은 밤낮을 가리지 않고 정신없이 이 그림을 그렸다고 합니다. 그런데 이 그림을 딱 보면 도대체 무엇을 그린 건지 알 수가 없습니다. 그림에는 열대밀림의 낙원, 타히티 섬의 나무들이 있고 타히티의 원주민들, 그리고 강과 바다가 나옵니다. 그냥 풍경화 같지는 않습니다. 자세히 보면 그림의 왼쪽 윗부분에 노란색 바탕에 프랑스어로 「우리는 어디서 왔는가, 우리는 누구인가, 우리는 어디로 가는가

● 「우리는 어디서 왔는가, 우리는 누구인가, 우리는 어디로 가는가」, 폴 고갱.

(D'où Venons-Nous? Que Sommes-Nous? Où Allons-Nous?)」라는 문구가 나옵니다.

이 문구가 바로 이 그림의 제목입니다. 이 제목을 보고 나서야 우리는 이 그림이 인간의 삶과 죽음, 인간의 과거, 현재, 미래를 그린 것이란 것을 어렴풋이 이해하게 됩니다. '아는 만큼 보인다'는 말이 있습니다. 제목이나 주제, 그림을 그린 배경을 알고 다시 그림을 보

면 그림이 다르게 보입니다. 그림의 오른쪽에 누워 있는 어린 아기는 탄생을 뜻하고 우리의 과거를 의미합니다. 중간에 서서 과일을 따는 젊은이들은 우리의 현재를 그린 것입니다. 왼쪽 아래 웅크리고 앉아 괴로워하는 늙은 여인은 우리의 미래를 상징합니다. 인생이 무엇인가에 대한 깊은 고뇌가 담긴 그림입니다.

고갱은 프랑스에 있는 친구에게 보낸 편지에 '이 그림은 『성경』에 비교될 정도의 주제를 가진 철학적인 그림'이라고 썼다는군요. 고갱은 우리의 과거, 현재, 미래에 대해 알고 싶어했고 그것을 그림으로 그렸던 것입니다.

고갱이 던진 질문을 우리 자신에게 한번 던져봅시다. 나는 어디에서 왔을까요. 우리는 어디에서 왔을까요. 인간은 어디에서 왔을까요. 인간의 기원은 도대체 뭘까요. 인간이라면 누구나 우리 존재의 기원에 대해 생각하고 때로는 깊은 고민에 빠지기도 합니다.

이런 고민은 종교적인 질문이 아닙니다. 철학과 과학, 예술에서도 이런 질문을 던질 수 있습니다. 스위스에는 세계 최대의 권위 있는 연구소로 손꼽히는 '유럽입자물리연구소(CERN)'가 있습니다. 이 연구소에 들어서면 영어, 프랑스어, 독일어, 이탈리아어 등 각국 언어로 쓰인 질문들이 눈에 들어오는데 바로 '우리는 어디에서 왔는가? 우리는 누구인가? 우리는 어디로 가는가?'입니다. 과학자들도 과학 연구를 통해 우리의 과거, 현재, 미래를 알고자 하는 것입니다.

우리는 어디에서 왔을까요. "엄마 뱃속에서 나왔다"고 대답할 수도 있습니다. 맞습니다. 우리는 누구나 부모님의 자식으로 태어났죠. 부모님은 할아버지, 할머니의 자식일 테고 할아버지, 할머니에게도 부모님이 있었을 겁니다. 이렇게 부모, 부모의 부모, 부모의 부모의 부모 등등 위로 계속 거슬러 올라가면 언젠가는 끝이 나오겠죠. 맨 끝에 있는 사람이 우리 조상의 시조일 겁니다.

지금 지구상에는 70억 명이 넘는 사람들이 살고 있고, 200개 이상의 나라가 있습니다. 국제연합(UN)에 가입한 국가의 수는 193개이고, 세계은행 통계자료에는 229개 국가가 있는 것으로 되어 있습니다.

이 많은 나라들은 언제 생겨났을까요. 역사를 공부해보면 현재의 국가가 언제 어떻게 출발했는지를 알 수 있습니다. 역사적인 사실에 비추어 국가의 시작을 따져볼 수도 있지만 아주 오랜 역사를 가지고 있는 국가의 경우에는 그 국가의 기원이 언제일지 정확히 알 수 없을 때도 있습니다.

그런 경우 믿거나 말거나 식의 건국신화라는 걸 갖고 있는 나라들이 많습니다. 오래전 자기 나라가 어떻게 만들어졌는가 하는 기원에 대한 이야기 말입니다. 입에서 입으로 전해 내려오는 옛날이야기이고, 객관적 증거나 기록이 없어 대부분 지어낸 이야기일 수 있습니다. 우리나라에는 단군신화가 있죠. 우리나라 최초의 건국신화입니다. 단군신화는 원시시대부터 전설처럼 입에서 입으로 전해져오는 이야기를 13세기 말, 고려 충렬왕 시절에 일연(一然)이라는 스님이 역사서로 기록을 한 것입니다. 그것이 『삼국유사』라는 역사책입니다. 단군신화는 삼국유사의 제1권 고조선 조(條)에 실려 있습니다.

단군신화에 따르면 단군 할아버지는 우리 민족의 시조입니다. 그런데 원래 단군의 아버지는 인간이 아니었습니다. 환웅이라는 신이었고 하늘나라에 살았습니다. 환웅은 어느 날 아버지 환인에게 간청

해서 지상으로 내려옵니다. 3,000명의 무리를 거느리고 태백산 마루에서 여러 신들과 함께 세상을 다스렸다고 합니다.

그러던 어느 날 곰과 호랑이가 찾아와서 사람이 되고 싶다고 합니다. 환웅은 곰과 호랑이에게 각각 마늘과 쑥을 주면서 동굴에서 햇빛을 보지 않고 100일간 참고 먹으면 사람이 될 거라고 말했습니다. 곰은 마늘과 쑥 냄새를 참으면서 계속 먹었지만, 호랑이는 참지 못하고 동굴에서 뛰쳐나가고 말았습니다.

결국 참을성 많은 곰만 사람이 되었습니다. 그가 웅녀라는 여자입니다. 웅녀는 환웅과 결혼해서 아들을 낳았는데, 그 아들이 바로 단군왕검(檀君王儉)입니다.

단군왕검은 자라서 우리 민족 최초로 나라를 세웠습니다. 그의 이름 단군왕검은 무슨 뜻일까요. 단군은 '제사를 주관하는 제사장'이란 뜻입니다. 즉 종교지도자를 말합니다. 그리고 왕검은 정치지도자를 의미합니다. 고대국가에서는 종교와 정치가 분리되지 않아 종교지도자가 곧 정치지도자였던 거죠.

단군신화에 대해 역사학자들은 하늘을 숭배하는 새로운 지배층이 원래부터 있었던 곰을 숭배하는 부족과 함께 나라를 세운 것으로 해석합니다. 단군왕검은 평양을 수도로 정했다가 나중에 아사달로 수도를 옮겨 1,500년 동안이나 나라를 다스렸다고 합니다. 이 나라가 바로 고조선입니다. 원래 나라 이름은 조선이었지만 훗날 이성계가 1392년에 건국한 조선과 구분하려고 고조선이라고 부릅니다. 옛날의 조선이라는 뜻입니다.

이것이 우리가 알고 있는 단군신화 이야기입니다. 고조선을 세운 것은 중국의 요나라와 같은 시대인 기원전 2333년이었습니다. 그래서 계산해보면 우리나라는 약 5,000년의 역사를 갖고 있습니다. '반만 년 유구한 역사'라는 말은 단군신화에 근거를 두고 있습니다.

물론 단군신화는 역사적으로 입증된 사실이 아니라 신화일 뿐입니다.

하지만 단군신화는 우리 민족의 기원을 알고 싶은 근원적인 욕망을 담고 있습니다. 우리 민족의 최초의 조상은 누구이며, 우리 민족이 언제, 어떻게 시작되었는가를 알고 싶은 거죠. 그게 설사 과학적인 사실이나 역사적인 실재가 아니라 하더라도 우리의 뿌리가 뭔지에 대해 알고 싶은 욕망은 인지상정입니다.

기원을 찾아서

모든 것에는 기원이 있습니다. 기원이란 사물이 처음으로 생기거나 그런 근원을 말합니다. 시원이라고도 합니다. 우리 민족의 기원이라 하면 우리 민족이 언제 처음 나타났는지를 말합니다. 인류의 기원이라고 하면 인류가 언제 처음 나타났는지, 최초의 인간은 누구인지를 뜻합니다. 사물의 기원은 그 사물이 언제 처음 만들어졌는지를 말합니다. 생명체이건 물건이건 사람이건 무언가 존재한다는 것은 그것이 처음 만들어지거나 태어나거나 나타난 기원이 있다는 걸 뜻합니다. 기원을 따지고 탐구하는 학문이 역사입니다. 물론 역사가 기원만 따지는 것은 아닙니다. 시작과 변화과정, 그 과정에서 일어난 사건과 사고 등을 추적하고 연구합니다.

국어사전에서 역사를 찾아보면 다음과 같이 세 가지 뜻으로 정의되어 있습니다. 첫째, 역사는 인류 사회의 변천과 흥망의 과정 또는 그 기록입니다. 둘째, 역사는 어떠한 사물이나 사실이 존재해온 연혁입니다. 셋째, 역사는 자연 현상이 변해온 자취를 말합니다. 인간과 사물, 사실이 생겨나서 성장하거나 발전하고 변화해온 과정을 추적하고 연구하는 것이 역사학이라는 학문입니다. 즉 역사는 '지나간 옛날의 이야기'인 거죠. 영어로 이야기는 '스토리(story)'이고, 역사는 '히스토리(history)'인데, 그 어원이 같습니다. 프랑스어에서는 이야기와 역사, 둘 다 '이스투아르(histoire)'라는 단어를 사용합니다.

어떤 사물이나 생명체의 본질을 이해하기 위해서는 그것의 기원부터 알아야 합니다. 컴퓨터가 뭔지를 알기 위해서는 컴퓨터의 기원을 알아야 합니다. 최초의 컴퓨터가 어떻게 만들어졌고 어떤 모습이었고 어떤 기능을 갖고 있는지 등을 추적해서 조사해야 한다는 거죠. 우주를 탐구하기 위해서는 우주가 어떻게 생겨났는지 우주의 기원을 탐구해야 하고, 인간의 본질을 이해하기 위해서는 인간의 기원을 알아야 합니다. 시작을 알아야 그 후의 변화과정을 제대로 이해할 수 있습니다. 앞서 화가 폴 고갱이 자신의 그림에서 '우리는 어디에서 왔는가'라는 질문을 던진 것은 우리의 기원, 즉 인간의 기원에 대한 질문입니다. 인간 존재에 대한 철학적인 질문이었던 거죠.

인류가 지구상에 처음 나타난 것은 언제쯤일까요. 이때 인류는 원시인류인지 아니면 현생인류인지부터 정해야 합니다. 현생인류가 지구상에 출현한 것은 약 20만 년 전입니다. 지금의 현생인류는 '호모 사피엔스'를 말합니다. 호모 사피엔스는 현생인류를 가리키는 생물분류상의 학명입니다. 학명은 스웨덴의 박물학자 카를 폰 린네가 창안했습니다. 박물학이란 식물학, 동물학, 지질학을 통틀어 일컫는 말입니다. 웁살라대의 교수였던 린네는 식물과 동물 등을 분류하는 방법으로 생물을 속명과 종명으로 표기하는 과학적 2명법을 확립했습니다. 호모 사피엔스에서 호모는 속명이고, 사피엔스는 종명입니다. 그러니까 현생인류는 호모 속, 사피엔스 종입니다. 속, 종 등은 모두 종류를 나타내는 단위입니다. 호모 사피엔스 이전에도 현생인류와 비슷한 인류가 있었습니다. 현생인류 이전의 인류를 구인류 또는 원시인류라고 합니다.

인류와 문명의 기원을 연구하는 학문으로는 문화인류학과 고인류학이 있습니다. 인류학자들에 따르면 최초의 인류는 오스트랄로피테쿠스입니다. 약 300만 년 전에 아프리카에서 살았습니다. 직립보행을 했고, 간단한 도구도 사용했을 것으로 추정되는데 현생인류의 직접적인 조상은 아닙니다. 그런데 현생인류나 원시인류 이전에도 생명체는 존재했습니다. 생물이 존재하려면 생물이 살아갈 수 있는 환경조건이 먼저 만들어져야 합니다. 지구는 우주의 여러 행성 중 인간을 비롯한 생명체가 살아가기에 가장 적합한 환경을 갖고 있습니다.

그러면 지구는 언제 만들어졌을까요. 지구가 탄생한 것은 약 46억 년 전입니다. 지구 이전에도 별들이 존재했고, 은하계가 있었습니다. 별들은 언제 만들어졌을까요. 또한 그 전에는 뭐가 있었을까요. 질문이 꼬리에 꼬리를 뭅니다. 이렇게 기원을 따져서 올라가다보면 모든 것이 시작되는 한 지점에 이르게 됩니다. 그것이 바로 우주가 만들어진 빅뱅입니다. 빅뱅이야말로 과학의 관점에서 보면 태초라고 할 수 있습니다. 『구약성서』「요한복음」은 "태초에 말씀이 계셨으니…"라는 말로 시작합니다. 과학에서는 "태초에 빅뱅이 있었으니…"라고 말할 수 있습니다. 우주, 공간, 시간 등 모든 것은 138억 년 전 빅뱅으로부터 시작됐습니다.

빅뱅과 빅 히스토리

우리가 보통 역사라고 하면 인간의 역사를 이야기합니다. 하지만 사물에도 역사가 있고 각각의 생물체도 역사가 있습니다. 역사학

● 우주는 138억 년 전 빅뱅으로부터 시작됐다.

의 여러 흐름 중에 '빅 히스토리(Big History)'라는 게 있습니다. 우리말로는 보통 거대사(巨大史)라고 번역합니다. '거대한 역사'라는 뜻입니다.

한 나라, 민족의 역사는 민족사라고 합니다. 한국사, 중국사, 프랑스사 등을 말합니다. 동아시아나 서유럽, 아프리카 등의 지역을 다룬 역사는 지역사라고 합니다. 민족사나 지역사보다 범위를 넓혀보면 세계 전체의 역사를 다루는 세계사나 지구사가 있습니다. 인류탄생부터 세계 각 지역의 모든 역사를 담고 있습니다. 그런데 지구 범위를 넘어서 빅뱅으로부터 시작된 우주의 모든 역사를 다룬 것이 바로 빅 히스토리입니다. 빅 히스토리는 말하자면 세상 모든 것의 역사라고 할 수 있습니다. 인류의 역사, 생명체의 역사, 지구의 역사, 은하계의 역사, 별의 역사, 우주의 역사 등 모든 것의 역사를 포괄하고 있습니다. 우주의 모든 물질, 생명과 인간 등 모든 존재의 기원과 발전, 변화의 과정을 다루고 있습니다.

빅 히스토리의 시작은 빅뱅입니다. 빅뱅은 '대폭발'이란 뜻입니다. 우주가 시작된 기원에 대해 과학자들은 빅뱅이라는 대폭발이론으로 설명을 합니다. 빅뱅이론은 현재 우주론의 정설입니다. 우주의 나이는 몇 살쯤 될까요? 천문학자나 천체물리학자들은 우주의 탄생을 연구하고 우주의 나이를 계산합니다. 대폭발 당시에는 온도가 아주 높았고 그로 인해 아주 보기 드문 현상들이 있었습니다. 가령 초고온상태에서 음전하를 가진 전자와 양전하를 띤 이온이 분리된 기체상태, 즉 플라즈마 상태였습니다. 그러다 우주의 온도가 서서히 식으면서 이것들이 결합하기 시작합니다. 그런데 전파망원경을 통해 우주를 관찰해보면 서서히 식고 있는 우주의 온도, 즉 에너지를 측정할 수 있습니다.

우주의 에너지를 측정하고 이것을 거꾸로 계산해보면 우주의 나이를 알아낼 수 있습니다. 물론 오차는 있을 수 있습니다. 가장 최근에 측정한 것을 근거로 우주의 나이를 계산하면 약 138억 년이라는 수치가 나옵니다. 그러니까 우주는 138억 살입니다. 138억이라는 숫자는 그야말로 엄청난 수치입니다. 이렇게 어마어마하게 큰 숫자를 천문학적인 숫자라고 말하는데, 우주의 나이가 그렇습니다. 평생 동안 숫자를 세면 138억까지 셀 수 있을까요. 불가능합니다. 만약 우리가 1, 2, 3, 4… 이렇게 1초에 하나를 센다고 가정해봅시다. 밥도 안 먹고 잠도 안자고 계속 숫자만 셌을 때 138억까지 세는 데는 약 438년이 걸립니다. 사실은 그것보다 훨씬 더 걸리겠지요.

가령 898,763,541(팔억 구천팔백칠십육만 삼천오백사십일)이란 숫자를 1초에 세기는 어려우니까요. 요즘 백세인생이라고 합니다. 우리가 100세까지 산다고 했을 때 100세까지 쉬지 않고 숫자를 세면 겨우 31억 5,000만 정도까지 셀 수 있습니다. 438년이나 걸린다는 것은 1580년 조선시대 선조 임금님 때부터 세기 시작했을 때 2018년에 이르러서야 138억까지 셀 수 있다는 이야기입니다. 엄청나죠.

정상우주론과 우주팽창이론

기독교인들은 수천 년 전에 하나님이 우주를 창조했다고 믿고 있습니다. 이게 기독교의 '창조론'입니다. 하지만 종교는 과학이 아닙니다. 과학과 종교는 차원이 다른 겁니다. 종교는 그냥 신념으로 믿는 것일 뿐, 과학적으로 입증할 수 없습니다. 종교와 달리 과학에서는 논리를 가지고 추론하고 증거를 가지고 입증합니다. 과학에서는 증거가 굉장히 중요합니다. 과학자들은 우주의 생성을 빅뱅이론과 우

● 과학은 증거를 기반으로 하는 학문이다.

주팽창론으로 설명합니다. 대폭발로 우주와 시간, 공간이 창조됐고 우주는 계속 팽창하고 있다는 이론입니다. 우주가 만들어진 빅뱅이 언제 있었는지도 논리모델과 계산을 통해 답을 구합니다. 우주팽창론이라는 논리적 모델을 근거로 우주의 온도, 즉 에너지를 측정해서 우주의 나이를 계산하는 거죠. 어떠한 경우든지 객관적인 계산방식과 결과치를 제시하고 검증합니다. 과학은 증거(evidence)를 기반으로 하는 학문입니다.

어떤 과학이론이 지금은 정설일지라도 이후에 달라질 가능성은 있습니다. 과학의 역사를 연구하던 미국의 과학철학자 토마스 쿤

(Thomas Kuhn)이라는 사람은 과학에서 하나의 이론이나 정설이 변화되는 과정을 '패러다임(Paradigm)'이라는 용어로 설명합니다. 패러다임이란 실례, 본보기, 표준 등을 뜻하는 말입니다. 토마스 쿤은 패러다임을 '과학적 이론이나 인식, 가치관 등이 결합된 복합적 개념틀'로 정의했습니다. 가령 과학에서 하나의 패러다임이 나타나면 그 패러다임에서 여러 가지 문제점들이 나타나고 이를 해결하기 위해 계속적인 연구 활동을 하는데 이를 '정상과학'이라고 합니다. 정상과학은 말 그대로 정상적인 과학이란 말이고 과학에서의 정설이라는 뜻입니다.

그런데 정상과학의 성과가 축적되다보면 뭔가 문제점들이 나타나고 정상과학을 부정하는 새로운 패러다임의 이론이 나타나게 됩니다. 새로운 패러다임은 정상과학의 패러다임과 경쟁하고 여기에서 새로운 패러다임이 이기면 기존의 패러다임을 대체하게 됩니다. 과학의 발전은 이런 과정을 거친다는 것입니다. 자연과학을 비롯한 모든 학문이 다 마찬가지입니다. 하나의 패러다임은 영원할 수 없으며 생성, 발전, 쇠퇴하고 새로운 패러다임으로 대체되는 양상을 보입니다.

패러다임의 변화는 우주론에서도 있었습니다. 아주 옛날에는 지구가 우주의 중심이고 움직이지 않으며 태양을 비롯해 달, 행성 등이 지구 주위를 돌고 있다고 생각했습니다. 근대 과학혁명 이전의 우주관은 아리스토텔레스의 우주론입니다. 아리스토텔레스는 우주의 모습을 둥근 구(球)라고 생각했고, 우주를 천상계와 지상계로 나누었습니다. 지상 세계는 흙, 물, 공기, 불 등 4원소로 구성돼 있고, 천상계는 지상계의 물질과는 다른 제5원소, 즉 에테르로만 구성돼 있다고 생각했습니다.

또한 우주는 끝이 있는 유한한 세계라고 주장합니다. 기원후 140년경 알렉산드리아의 천문학자 프톨레마이오스는 이러한 내용의 우주론을 체계적으로 잘 정리했는데 이것이 '천동설'입니다. 근대과학이 태동되기 전, 아주 오랫동안 천동설은 과학적인 우주론으로 인정받았습니다. 이후에 몇몇 천문학자들이 태양중심설과 지구의 공전, 자전에 대해 이야기를 했지만 정확한 증거를 제시하지는 못했습니다.

16세기에 이르러 폴란드의 천문학자 니콜라스 코페르니쿠스는 태양이 우주의 중심이고 지구가 태양 주위를 돌고 있다는 이른바 '지동설'을 주장했습니다. 이후 갈릴레오 갈릴레이, 케플러 같은 천문학자들은 천체 관측 자료를 바탕으로 지동설의 증거를 제시했습니다. 결국 지동설은 천동설을 밀어내고 새로운 과학적 우주론으로 인정받게 됩니다. 기존의 천동설이라는 패러다임이 새롭게 나타난 지동설이라는 패러다임으로 대체된 것입니다. 오늘날에는 지구가 공전과 자전을 하고 태양 주위를 돈다는 이론에 대해 누구도 이론을 제기하지 않습니다. 과학은 증거를 기반으로 합니다. 그냥 느낌과 직관으로 이론을 주장할 수는 없습니다.

우주의 기원에 대해서는 오랜 논쟁을 거친 후에야 우주팽창론과 빅뱅이론이 정설로 자리 잡습니다. 빅뱅이론이 제기되기 전까지 우주론의 정설은 '정상우주론'이었습니다. 이는 우주는 항상 물질을 생성하면서 안정된 상태를 유지한다는 이론이었습니다. 1927년 벨기에의 신부이자 수학자였던 조르주 르메트르는 파격적인 주장을 합니다. '원시 원자에 대한 가설'을 제기하면서 우주가 팽창하고 있다고 주장한 것입니다.

르메트르는 우주 생성을 불꽃놀이에 비유하면서 대폭발로 인해 우주, 시간, 공간이 창조되었다는 가설을 내세웁니다. 이런 주장에 대해 당시 대부분의 과학자들은 '미친 소리'라며 아무도 진지하게 받아들이지 않았습니다. 그러다가 1929년 미국의 천문학자 에드윈 허블이 먼 거리의 은하일수록 더 빠른 속도로 멀어진다는 사실을 알아냅니다. 이를 '허블의 법칙'이라 부릅니다.

허블의 법칙을 해석하면 우주는 영원하지 않고 무한히 크지도 않다는 의미가 됩니다. 결국 우주가 팽창하고 있다는 사실을 뒷받침하고 있습니다. 1948년에는 조지 가모프라는 물리학자가 제자인 랄프 알퍼와 함께 「화학원소들의 기원」이라는 제목의 논문을 발표합니다. 가모프는 러시아 출신으로 미국으로 망명한 과학자였습니다. 그는 이 논문에서 뜨거운 우주가 팽창과 함께 식으면서 현재 우주를 이루고 있는 물질이 만들어지는 과정을 설명합니다.

우주가 팽창하고 있다는 것은 거꾸로 올라가면 결국 우주가 뜨거

● 먼 거리의 은하일수록 더 빠른 속도로 멀어진다.

운 한 점에서 시작되었음을 전제하고 있기에 빅뱅이론을 이론적으로 뒷받침해주었습니다. 이렇게 우주팽창가설은 점점 힘을 얻기 시작합니다.

한편, 빅뱅이론의 시조인 르메트르가 제기한 우주폭발 가설이 처음부터 '빅뱅이론'이라고 불린 것은 아니었습니다. 그 에피소드가 재미있습니다. 정상우주론의 대가였던 영국의 물리학자 프레드 호일(Fred Hoyle)은 영국의 공영방송 BBC 라디오 프로그램에 나와서 르메트르의 가설을 조롱하면서 "우주가 폭발한다고? 그럼 빅뱅이라도 있었다는 거야?"라고 말합니다. 이후 르메트르의 이론은 '빅뱅이론'으로 불리게 되었다고 합니다.

빅뱅이론이 결정적인 힘을 얻게 된 계기는 '우주배경복사'의 발견입니다. 1965년, 펜지어스와 윌슨이라는 두 과학자는 우주 온도를 알게 해주는 이른바 '우주배경복사'를 발견합니다. 빅뱅으로 우주가 생겨났을 때 열에너지가 우주공간에 넓게 퍼지면서 천천히 식었는데, 이것이 바로 우주배경복사입니다. 절대온도 2.7도(섭씨온도로는 약 영하 270도)의 차가운 빛을 말합니다. 두 과학자는 위성과 교신하기 위한 안테나를 연구하는 과정에서 웅웅거리는 전파를 발견합니다. 그런데 이 전파는 특정 방향에서만 관측되지 않고 하늘의 모든 방향으로부터 관측되었습니다. 이는 우주 공간에 가득 차 있음을 뜻합니다. 우주 공간에 가득 찬, 차디찬 우주배경복사를 발견한 공로를 인정받아 펜지어스와 윌슨은 1978년 노벨 물리학상을 공동으로 받게 됩니다. 허블의 법칙과 우주배경복사는 빅뱅이론이 옳음을 말해주는 과학적 발견이었습니다.

이제 빅뱅이론과 우주팽창이론은 현대 우주론의 표준모델이 됐습니다. 우주가 대폭발로 만들어졌다는 '빅뱅이론'과 우주가 계속 팽창하고 있다는 '우주팽창이론'은 우주의 생성을 설명하는 가장 과학적인 정설입니다. 앞으로 언젠가는 우주의 기원을 설명하는 또 다른 이론이 나올 수도 있습니다. 만약 어떤 증거를 기반으로 한, 좀 더 과학적인 이론이 나온다면 빅뱅이론을 대체할 수도 있겠지요.

앞서 이야기했던 빅 히스토리의 창시자는 호주 매쿼리대의 역사학 교수 데이비드 크리스천(David Christian)이라는 사람입니다. 그는 빅뱅으로부터 시작해 인류의 문명 발전에 이르기까지의 역사를 복잡성이 증가하는 역사라고 설명합니다. 기나긴 우주 역사에서 어떤 시점에서는 복잡한 것이 출현하는데, 그것은 요행수나 우연 때문이 아니라 그 무언가가 출현하기에 필요한, 딱 알맞은 조건이 만들어졌기 때문이라는 겁니다. 빅 히스토리에서는 이렇게 뭔가를 위해 알맞은 조건을 '골디락스 조건'이라고 부릅니다.

빅뱅에서 근대혁명까지

사실 골디락스는 동화에 나오는 주인공입니다. "곰 세 마리가 한 집에 있어. 아빠 곰, 엄마 곰, 아기 곰…." 누구나 알고 있는 동요입니다. 이 동요의 작사, 작곡가는 미상이지만, 곰 세 마리 이야기는 영국의 전래동화입니다. 「골디락스와 곰 세 마리」라는 제목의 동화입니다. 이 동화에 나오는 금발소녀가 바로 골디락스(Goldilocks)입니다. 골드는 황금색이고 락(lock)은 머리카락 또는 머리채를 뜻하므로 골디락스는 '금발의 미녀'를 의미합니다. 이 동화의 내용을 살펴보면 대략 다음과 같습니다.

금발소녀 골디락스는 어느 숲에 있는 빈 집에 들어가게 됩니다. 이 집은 아빠 곰, 엄마 곰, 아기 곰 등 곰 세 마리가 살고 있는 집입니다. 배가 고팠던 골디락스는 식탁에 차려진 수프 세 그릇을 발견합니다. 하나는 너무 뜨겁고, 하나는 너무 차갑고, 나머지 하나는 뜨

겁지도 차갑지도 않은 수프였습니다. 골디락스는 적당한 온도의 수프를 먹었습니다. 수프를 먹고 배가 부른 골디락스는 잠이 와서 침실로 갔습니다. 이번에는 침대가 3개 있었습니다. 하나는 너무 컸고, 하나는 너무 작았으며 나머지 하나는 크지도 작지도 않았습니다. 그녀는 적당한 크기의 침대를 골라 잠을 잤습니다. 이렇게 골디락스는 적당한 온도의 수프, 적당한 크기의 침대를 선택했습니다. 적당한 조건과 환경을 뜻하는 '골디락스 조건'이라는 말은 이 동화에서 유래된 말입니다. 경제학에서는 성장률은 높지만 물가가 상승하지 않는 경제상황을 가장 이상적인 경제라고 합니다. 이런 상태의 경제를 '골디락스 경제'라고 합니다.

빅 히스토리에서는 새로운 복잡성이 출현하기에 적당한 골디락스 조건과 여러 가지 요소가 만나서 복잡성이 만들어지는 단계를 '임계국면'이라고 부릅니다. 좀 어려운 말인데, 그냥 역사적으로 매우 중요한 단계라고 생각하면 됩니다. 빅 히스토리에 나오는 중요한 단계는 모두 여덟 개입니다.

첫 번째는 모든 것의 기원인 '빅뱅'입니다. 138억 년 전이고 시간, 공간, 우주가 만들어집니다. 두 번째 임계국면은 '별의 출현'입니다. 약 136억 년 전입니다. 빅뱅 이후 2억 년이 지나 중력의 작용으로 별들이 만들어지게 됩니다. 세 번째는 '새로운 원소의 출현'입니다. 역시 136억 년 전쯤입니다. 빅뱅 이후 우주에는 수소와 헬륨밖에 없었지만 큰 별들이 폭발할 때 철을 비롯한 다른 모든 화학원소가 만들어졌습니다. 네 번째는 '태양계와 지구의 출현'인데, 약 46억 년 전입니다. 태양계에서 화성은 너무 춥고 대기층이 얇으며 금성은 반대로 표면온도가 섭씨 480도로 너무 뜨거워 물이 액체 상태로 존재하기 어렵습니다. 물은 생명체가 살아가기 위해 꼭 필요한 기본조건이기에 최초의 생명은 지구에서 출현하게 됩니다. 그래서 다섯 번째 임계국면은 '지구에서의 생명체 출현'입니다. 약 38억 년 전입니다. 바다에서는 박테리아와 같은 원시생명체가 처음으로 출현했고, 박테리아의 광합성 활동으로 지구에 산소가 만들어지자 더욱 많은 생명체가 나타나기 시작합니다. 각각의 생명체는 멸종과 진화를 거칩니다.

지구의 지질시대를 구분하면 46억 년 전부터 5억 7,000만 년 전까지를 선캄브리아대라고 하는데, 이때는 원시생명체와 단세포, 다세포 생물이 살았습니다. 5억 7,000만 년 전부터 2억 2,500만 년 전까지는 고생대인데 어류, 양서류, 파충류, 겉씨식물이 살았습니다. 2억 5,500만 년 전부터 6,500만 년 전까지의 중생대는 공룡과 파충류가 살던 시기입니다. 6,500만 년 전부터는 신생대에 접어들고 포유류와 속씨식물이 나타납니다. 그러다가 약 300만 년 전 영장류로부터 호모(Homo), 즉 '사람 속'의 인류가 갈려져 나오고, 나머지는 침팬지와 보노보 등 유인원으로 갈라집니다. 여섯 번째 국면은 '집단학습'인데 약 20만 년 전입니다. 이는 현생인류, 호모 사피엔스가 출현한 시기입니다. 일곱 번째는 '농경'입니다. 1만~1만 1,000년 전입니다. 여덟 번째는 '근대혁명'입니다. 250년 전 산업혁명이 시작된 시점을 말합니다.

빅뱅으로 우주가 만들어지고 별과 새로운 원소들이 만들어지고 이후에 태양계와 지구가 생성됩니다. 생명체가 살기에 적당한 골디락스 조건을 가진 지구에서는 생명체가 출현하고, 20만 년 전에는 현생인류가 출현합니다. 이후의 역사는 인류의 역사입니다. 농경이 시작되면서 인류는 집단을 이루고 도시를 만들었으며 정착생활을 하게 됩니다. 르네상스와 과학혁명을 거쳐 18세기 말에는 기계의 발명과 기술의 혁신으로 산업혁명이 일어납니다. 생산력이 비약적으로 발전하고 도시화, 산업화가 급속하게 이루어져 결국 오늘날과 같이 고도로 발달된 문명을 이룰 수 있었습니다. 이것이 빅뱅부터 현재까지, 138억 년의 기나긴 역사를 짧게 요약한 이야기입니다.

현생인류가 출현한 것은 약 20만 년 전이니 인간의 역사는 약 20만 년의 시간입니다. 우주가 탄생한 것은 약 138억 년 전이고 지구가 탄생한 것은 46억 년 전입니다. 지구 역사는 우주 역사의 3분의 1 정도밖에 되지 않습니다. 요즘 신문이나 방송 뉴스에서는 제4차 산업혁명 이야기를 많이 하지만, 사실 산업혁명이 시작된 것은 약 250년 전에 불과합니다. 산업혁명의 역사 250년은 현생인류 20만 년의 역사에 비하면 800분의 1 정도입니다. 인류의 역사 20만 년은 지구역사 46억 년에 비하면 2만 3,000분의 1이며, 우주역사

138억 년의 6만 9,000분의 1입니다. 요컨대 산업혁명의 역사는 인류의 역사, 지구의 역사, 우주의 역사에 비하면 매우 최근의 일이라는 것입니다.

크리스천 교수는 우주, 지구, 현생인류의 시작과 1만 년 전쯤부터 시작된 농경, 5,000년 전부터 시작된 기록역사, 약 250년 전의 산업혁명, 약 50년 전의 최초의 인간 달 착륙 등 빅 히스토리에서 중요한 이정표가 된 사건들을 연대표(Timeline)에 표시하면서 그 시간을 상대적으로 비교했습니다. 빅뱅으로부터 시작된 우주의 역사 138억 년을 만약 13.8년으로 압축한다면 어떻게 될지를 계산했습니다. 13.8년, 즉 13년 9개월 전에 빅뱅이 있었다고 가정한다면 지구가 탄생한 것은 4년 7개월 전이고, 호모 사피엔스는 약 100분 전에 출현했다는 계산이 나옵니다. 농경사회는 5분 전에, 그리고 기록역사는 2분 30초 전부터 시작됐고, 최초의 인간 달 착륙은 불과 1초 전입니다. 우리가 10년 후, 30년 후의 미래를 이야기하더라도 이는 모두 앞으로 1초 안에 일어날 일입니다.

우리는 시간 비교를 통해 인간의 역사가 우주의 역사에 비해 엄청나게 짧고, 산업혁명의 역사가 인간의 역사에 비해 매우 짧다는 걸 생생하게 실감할 수 있습니다. 어쨌든 중요한 건 이렇게 짧은 시간 동안 인류는 지구를 지배하는 존재가 될 수 있었다는 사실입니다.

빅뱅과 스티븐 호킹

영국의 스티븐 호킹(Stephen Hawking) 박사가 지난 2018년 3월 14일 세상을 떠났습니다. 그는 '아인슈타인 이후 최고의 물리학자'라는 수식어가 따라 다니는 천체물리학자였습니다. 평생 동안 우주의 신비를 연구했고 우주과학발전에도 크게 이바지한 호킹은 영국의 위인들이 묻히는 웨스트민스터 사원에 안장되었습니다. 이곳은 영국의 왕이나 위인들이 묻히는 곳입니다. 과학자 중에는 근대과학의 선구자 아이작 뉴턴, 진화론의 창시자 찰스 다윈 등이 묻혀 있습니다. 호킹 또한 과학자로서 국가적으로 존경을 받는 위인이라고 할 수 있습니다.

그가 쓴 과학책 중 가장 유명한 책은 세계적으로 1,000만 부 이상이나 팔린 베스트셀러 『시간의 역사』란 책입니다. '빅뱅에서 블랙홀까지'라는 부제가 붙어 있는데, 이 책에서 호킹은 우주의 시작은 무엇인지, 우주의 본질은 무엇인지, 우주가 지금의 모습을 하고 있는 까닭은 무엇인지 등에 대해 설명했고, 빅뱅을 이론적으로 입증하는 데도 크게 이바지했습니다. 그는 젊은 시절 일명 루게릭병이라고 불리는 희귀병에 걸려 손발이 마비되고 전신이 뒤틀리고 말도 못 하게 됩니다. 이런 신체적인 불구를 극복하고 그는 우주 연구는 물론이고, 대중 강연도 하고 과학도서도 많이 저술해 과학자로서 귀감이

출처: pantid123 / Shutterstock.com

되었습니다.

특히 그는 우주가 특이점에서 탄생한다는 이론을 수학적으로 입증하고, 중력이 강해 모든 것을 빨아들이는 이른바 '블랙홀' 연구에서도 독보적인 업적을 남겼습니다.

제2장

우주만물의 영장, 인간

○●○

지구상에 최초의 생명체가 나타난 후 수십억 년이 지난 뒤에서야 현생인류가 나타났습니다. 인류가 처음 나타난 것은 약 300만 년 전이었습니다. 오스트랄로피테쿠스라 불리는데, 아프리카의 에티오피아 등지에서 화석이 발견되었습니다. 이들의 모습은 원숭이, 침팬지와 비슷했지만 직립보행을 했고, 간단한 도구도 만들어 사용했을 것으로 추정됩니다. 50만 년 전에는 베이징인, 하이델베르크인이 나타났고 20만 년쯤 전에 현생인류가 나타났습니다. 현생인류의 학명은 '호모 사피엔스(Homo Sapiens)'인데, 줄여서 '사피엔스'라고도 합니다.

유발 하라리(Yuval Harari)라는 이스라엘의 젊은 역사학자가 있습니다.『사피엔스』라는 베스트 셀러의 저자로 유명합니다. 그는 예루살렘 히브리대 역사학 교수입니다. 우리나라에도 종종 방문해 강연도 하고 인터뷰도 했었습니다. 하라리의 책은 현생인류 출현부터 현재 인류까지 약 20만 년 인류의 역사를 다루고 있습니다. 애초 현생인류의 조상은 유인원과 거의 다를 바 없었고 사실 아주 오랜 기간 동안 야생동물들과 경쟁하며 동물과 별 차이 없는 삶을 살아왔습니다. 하지만 오늘날의 인간은 고도의 물질문명을 이루고 첨단기술과 함께 살고 있습니다. 이렇게 발전된 과학기술의 혜택을 누리며 산 것은 인류역사에 비추어볼 때 그리 길지 않습니다. 산업혁명 이후부터 과학기술이 비약적으로 발전하기 시작했으니까요. 20만 년 인류역사에 비추어볼 때 800분의 1 정도의 시간에 불과합니다.

○●○

세 번의 혁명, 인지혁명에서 과학혁명까지

유발 하라리의 책 『사피엔스』는 유인원과 거의 비슷했던 '호모 사피엔스가 어떻게 해서 세상의 지배자가 될 수 있었는가'라는 질문을 던집니다. 그는 현생인류의 역사를 서사적으로 살펴보면서 인류는 세 번의 큰 혁명을 겪었다고 설명합니다. 첫 번째는 인지혁명입니다. 10만 년 전쯤 지구상에는 최소한 여섯 가지 종의 인간이 살고 있었습니다. 그런데 오늘날 존재하는 인간 종은 호모 사피엔스 단 하나뿐입니다.

사피엔스의 위대한 능력은 인지혁명에서 시작됐습니다. 인지혁명은 약 7만 년 전부터 3만 년 전 사이에 출현한 새로운 사고방식과 의사소통 방식을 말합니다. 덕분에 전에 없던 방식으로 생각할 수 있게 되었고, 새로운 유형의 언어를 사용해서 의사소통을 할 수 있었습니다. 인지혁명으로 인간이 얻은 새로운 능력은 호모 사피엔스를 둘러싼 세계에 대해 더 많은 정보를 전달하는 능력, 호모 사피엔스의 사회적 관계에 대해 더 많은 정보를 전달하는 능력, 부족정신, 국가 등 실제로 존재하지 않는 것들에 대한 정보를 전달하는 능력 등이라고 하라리는 설명하고 있습니다.[2]

두 번째는 약 1만 년 전에 있었던 농업혁명입니다. 마지막 세 번째는 과학혁명입니다. 과학혁명의 시작은 르네상스부터 산업혁명의 시기를 거치면서 일어납니다. 과학혁명으로 인간은 진정한 세상의 지배자가 될 수 있었습니다. 과학기술이 고도로 발전된 지금, 인간은 인공지능을 만들기에 이르렀습니다. 사람의 말을 알아듣고 사람처럼 생각하는 인조 지능입니다. 인공지능은 인간의 피조물입니다. 신이 인간을 만들었다면 인간은 인공지능을 만든 것이죠. 그래서 신과 인간의 관계는 인간과 인공지능의 관계와 마찬가지입니다. 유발 하라리는 인간은 인공지능 발명을 통해 이제 신이 되려 한다고 주장했습니다.

20만 년 인간의 역사를 한번 개략적으로 살펴볼까요. 인간은 사회적 동물입니다. 이 말은 혼자서는 살 수 없고 집단을 이루고 사회

2 유발 하라리, 조현욱 옮김, 『사피엔스』, 김영사, 2015.

속에서 살아간다는 뜻입니다. 이때 인간은 생물학적인 개체로서의 인간을 말하는 것이 아닙니다. 인간의 역사라고 말할 때의 인간은 개별적인 인간이 아니라 사회적 존재로서의 인간을 말합니다. 다른 동물과 구분되는 집단적 동물로서의 인간 종류를 말하는 거죠. 인류라고도 합니다. 인간의 역사는 곧 인간공동체의 역사이고, 인간사회가 발생하고 발전해온 역사이기도 합니다.

농경의 시작

20만 년 전 처음 출현한 호모 사피엔스는 생존을 위해 열매를 따 먹고 식물을 채취하고 짐승을 사냥하면서 살았습니다. 이런 사회를 수렵·채취사회라고 합니다. 그러다가 약 1만 년 전쯤에 인간은 식량을 얻기 위해 식물을 기르는 방법을 터득합니다. 식물을 기르기 시작한 사회를 원예사회라고 합니다. 원예사회 말기에는 식물을 기르기 위해 간단한 비료를 사용하기 시작했고, 식물에게 필요한 물을 공급하기 위한 수리시설을 만들기도 했습니다. 약 1만 1,000 년 전부터는 지중해 동부 산지에서 밀을 재배하기 시작했고, 약 8,000년 전에는 중국에서 쌀을 재배하기 시작합니다. 본격적으로 식량 농사를 짓는 농경사회가 시작된 것입니다. 농경의 시작은 역사적으로 큰 의미가 있습니다.

열매를 따 먹고 짐승을 사냥하던 수렵·채취사회에서는 먹을 것이 떨어지면 먹을 것을 찾아 다른 곳으로 이동해야 했습니다. 그러니까 한곳에 정착하지 못하고 이동생활을 했습니다. 그러다 농사를 짓게 되면서 인간은 비로소 한곳에 정착해서 살 수 있게 되었습니다. 정착생활을 하면서 사람들은 도시를 만들었고 여러 가지의 사회계급과 계층이 생겨나고 직업이 분화되기 시작했습니다. 농사를 짓는 농민이라는 직업뿐만 아니라 농사를 짓지 않는 사람 중에는 상인과 군인, 성직자 같은 직업도 생겨났습니다.

도시의 출현도 역사적으로 큰 사건입니다. '도시'는 한자어입니다. 도(都)자는 도읍이란 뜻이고 시(市)자는 저자, 즉 시장을 뜻합니다. 도읍은 정치적인 중심지고 시장은 경제적인 중심지를 말합니다. 그러니까 도시는 정치적·경제적 중심지라는 뜻입니다. 최초의 도시는 기원전 5,000년경, 그러니까 약 7,000년 전에 수메르 지역, 즉 지금의 이라크 지역에서 처음 만들어졌습니다. 도시가 생겨난 것은 농경 때문에 가능했습니다. 농사를 짓게 돼 한곳에서 식량을 안정적으로 얻을 수 있고 농업생산력이 발달하면서 농사를 짓지 않는 사람까지도 먹여 살릴 수 있는 이른바 잉여 농산물이 비축될 수 있었던 거죠. 또한 이를 수송할 수 있는 기술이 발전하면서 도시가 나타날 수 있었던 겁니다.

농경이 시작된 것은 138억 년 빅 히스토리에서 중요한 사건이기에 앞에서 살펴봤던 빅 히스토리의 8개 임계국면 중 하나로 들어가 있습니다. 농경이 시작될 수 있었던 것은 농경이 가능했던 이른바 골디락스 조건이 만들어졌기 때문입니다. 그렇다면 농경의 골디락스 조건은 뭘까요.

우선 인구의 급증입니다. 인구(人口)는 한자어로 사람의 입이란 뜻입니다. 인구가 늘어난다는 것은 사람의 입이 늘어난다는 것이고 곧 식량이 더 필요함을 뜻합니다. 늘어난 인구가 먹을 수 있을 만큼의 식량이 필요했던 것입니다. 인구증가로 인한 식량부족 문제를 해결할 수 있는 획기적인 방법이 바로 농경이었습니다.

두 번째는 기후변화로 인한 지구온난화입니다. 최근 지구온난화가 지구적 차원의 심각한 환경문제로 대두되고 있지만 지구온난화는 아주 오래전에도 있었습니다. 지구온난화란 지구의 평균 기온이 높아지는 현상을 말합니다. 약 1만 8,000년 전에 기후변화가 시작돼 지구는 온난해지기 시작했습니다. 1만 3,000년 전부터 1만 2,000년 사이에 잠깐 추워지긴 했지만 이후 지구는 더 따뜻해지고 습해졌습니다. 기후변화로 인한 지구온난화 역시 농경에 적합한 조건이 되었습니다.

기원전 3,000년경, 그러니까 지금으로부터 약 5,000년 전에는 문명의 발상지인 중동지역에서 처음 쟁기가 발명돼 사용되었다고 합니다. 쟁기를 사용한다는 것은 본격적인 농경활동이 이루어졌음을 말합니다. 인류역사상 농경은 중요한 전환점이었습니다. 농경이 시작되면서 많은 변화들이 일어났습니다. 농사의 풍년을 기원하면서 신앙과 종교가 발생하기 시작했고 농산물 수확량을 파악하기 위해 계산법도 생겨났습니다. 차츰차츰 이를 문자로 기록하기 시작했고 농사짓는 사람에게 세금을 부과하기 시작했습니다. 계급이 분화되기 시작했는데 성직자, 법률가, 관리행정을 하는 사람은 지배계급이 되었고 농민과 상인은 피지배계급이 되었습니다. 말과 바퀴의 사용도 농경과 관련이 있습니다. 예전에는 말을 길러 식량으로 사용했지만 말을 바퀴에 연결시키면 농업에 이용할 수 있었습니다. 바퀴는 인류역사상 가장 위대한 발명 중 하나입니다. 바퀴의 발명은 또한 교통수단의 획기적 발전을 가져옵니다. 흉년이 들거나 농업생산력이 한계에 도달해 식량이 부족해지면 다른 지역에 가서 식량을 약탈하는 전쟁을 벌이기도 합니다. 농경사회는 아주 오랫동안 계속됩니다. 중세와 근대 산업혁명 이전까지는 기본적으로 농경사회였습니다.

인구는 계속 늘어나고, 사회도 계속 커지는데, 그렇게 되면 사회유지를 위해 더 많은 식량과 자원들이 필요하게 됩니다. 농경사회가 늘어난 식량과 자원의 수요를 충족하는 데는 두 가지 방법이 있습니다. 첫 번째는 기술을 발전시켜 농업생산력을 늘리는 것이고, 두 번째는 대규모의 군대를 양성해 다른 사회를 정복하고 정복지에서 식량과 자원을 약탈하고 세금과 공물을 징수하는 것입니다. 많은 제국들은 두 번째 방법을 주로 택했기에 역사적으로 정복전쟁은 끊임이 없었습니다.

● 바퀴는 인류역사상 가장 위대한 발명 중 하나다.

대표적인 것이 로마제국입니다. 기원전 8세기 무렵부터 시작된 고대 로마제국은 역사상 최초의 제국입니다. 이탈리아, 유럽에서부터 북아프리카, 이집트까지 지배했던 방대한 제국이었습니다. 로마는 다른 어느 나라보다도 길을 잘 닦았던 나라입니다. '모든 길은 로마로 통한다'라는 속담이 있는데, 그만큼 로마제국은 사방팔방으로 통하는 길을 만들었죠. 이 길을 통해 로마제국은 신속하게 군대를 이동시키고 물자를 보급하면서 전쟁에서 우위를 점할 수 있었던 겁니다.

인류의 역사를 시기적으로 분류하는 방법은 여러 가지가 있습니다. 우선 문자발명과 기록을 기준으로 선사시대와 역사시대로 구분합니다. 인류 역사에서 최초로 문자가 발명된 것은 약 5,000년 전입니다. 티그리스강과 유프라테스강 사이에서 찬란한 고대문명을 꽃피웠던 수메르 도시국가에서였습니다. 오늘날 중동의 이라크 지역입니다.

기원전 3,000년경 수메르인은 젖은 점토 위에 갈대나 금속으로 만든 펜으로 그림문자로 기록을 했습니다. 이것이 인류역사상 최초의 문자로 알려져 있습니다. 문자의 선이 쐐기 모양이라서 쐐기문자 또는 설형문자라고 부릅니다. 고대 4대 문명의 발상지 중 하나인 이집트에서도 약 5,000년 전부터 사물을 본떠 관념을 나타낸 문자, 즉 상형문자를 만들어 사용하기 시작했습니다. 중국에서는 기원전 1600년경 거북이 등껍질에 문자를 새긴 갑골문자가 나타났습니다. 이것이 한자의 바탕이 되었다고 합니다. 갑골문자 역시 사물 형상을 본떠 만든 상형문자입니다. 인류가 기록을 남기기 시작한 시기부터를 역사시대라고 부릅니다. 문자가 발명되기 이전, 기록되지 않은 역사는 선사시대라고 부르죠. 보통 약 5,000년 전을 기점으로 그 이전은 선사시대, 그 이후는 역사시대로 구분합니다.

또 다른 방법으로는 사회의 성격과 특징에 따라 구분하는 방식이 있습니다. 고대사회, 중세사회, 근대사회 등 크게 세 개로 구분하기도 하고, 좀 더 세분화해서 원시사회, 고대사회, 중세사회, 근대사회, 현대사회 등 다섯 개로 구분하는 방법도 있습니다. 원시사회는 인류가 원시적 생활을 하던 사회로 선사시대나 구석기시대에 낮은 수준의 문화를 갖고 있던 사회를 말합니다. 고대사회는 노예와 노예 소유자의 계급관계를 형성하던 사회입니다. 중세사회는 봉건제 사회입니다. 신분적으로는 봉건영주와 농노로 구분하던 사회입니다. 중세 봉건제 사회 이후에 나타난 사회는 근대사회입니다. 유럽으로 치면 14-16세기 르네상스와 종교개혁 이후의 사회입니다.

물론 아시아나 우리나라의 경우는 19세기에 이르러서야 근대사회의 모습을 볼 수 있습니다. 산업혁명을 거치면서 근대사회는 산업화를 이루게 되고 농업 중심 사회에서 공업 중심의 사회로 변화합니다. 그리고 가장 최근인 20세기 이후는 현대사회라고 부릅니다.

선사시대에서 역사시대로, 원시사회에서 현대사회로 발전하면서 인류는 고도의 발전된 문명을 이룩했습니다. 하지만 기록역사시대를 기준으로 보면 약 5,000년 역사이고, 농경사회 이후부터라고 하더라도 기껏 1만 년에 불과한 시간입니다. 이 짧은 시간 안에 인류는 세계의 지배자가 되었고 만물의 영장이 되었습니다. 그것은 다름 아닌 인간의 위대한 능력 때문입니다.

호모 사피엔스에서 호모 루덴스로

인간은 어떤 존재일까요. 인간이 다른 동물과 구분되는 특징이나 강점은 무엇일까요. 여러 가지를 들 수 있습니다. 우선 인간은 생각하는 동물이며 이성적 존재라는 점입니다. 근대철학의 선구자라 할 수 있는 프랑스의 르네 데카르트는 '나는 생각한다. 그러므로 나는 존재한다'라는 명제로 인간은 이성적 존재임을 분명히 했습니다. 프랑스의 수학자이자 철학자였던 블레즈 파스칼은 자신의 대표적인 저서 『팡세(수상록)』에서 "인간은 자연에서 가장 연약한 갈대다. 하지만 생각하는 갈대다"라고 썼습니다. 그는 인간은 나약하지만 사유하는 능력을 가졌고 인간의 사고에서 인간의 존엄성이 나온다고 말했습니다.

생각은 호기심과 질문을 낳고, 호기심과 질문으로부터 지혜와 지식이 만들어집니다. 현생인류의 학명 '호모 사피엔스(Homo Sapiens)'에서 사피엔스는 '슬기로운, 지혜가 있는'이라는 의미입니다. 그러니까 호모 사피엔스는 '지혜로운 인간'입니다.

인간은 생각할 뿐만 아니라 상상할 수 있는 동물입니다. 뭔가를 상상한다는 것은 존재하지 않는 허구적인 것을 생각할 수 있다는 것을 의미합니다. 가령 '사람이 새처럼 자유롭게 날 수 있다면 좋겠다'는 생각은 공상입니다. 인간은 하늘을 날고 싶다는 소망을 갖고 새처럼 날아다니는 모습을 상상할 수 있습니다. 이런 허구적인 상상은 때로는 과학적인 탐구로 이어져 새로운 발명을 낳습니다.

가령 화폐도 인간의 허구적 상상이 만든 산물입니다. 원래 자연적으로 돈이라는 물건이 존재했던 것은 아닙니다. 아주 오랜 옛날에는 필요에 따라 물건과 물건을 교환하는 물물교환이 이루어졌습니다. 식량과 소금을 교환하기도 하도, 땔감과 열매를 교환하기도 했습니다. 그러다 물건을 거래할 때 어떤 매개물이 있으면 어떨까라는 생각을 하게 되었고 그렇게 해서 화폐라는 개념을 만든 것입니다. 상상한 것을 만들어내고 여기에 의미와 가치를 부여할 수 있는 존재가 인간입니다.

또한 인간은 호기심을 갖고 탐구하는 존재입니다. 이런 인간의 속

● 호모 사피엔스는 '지혜로운 인간'을 뜻한다.

성 덕분에 세상의 구성 원리, 생명의 비밀, 물질세계의 운동법칙 등을 알아내 '과학(Science)'을 발전시킬 수 있었습니다. 보통 과학이라고 하면 자연현상을 탐구하는 자연과학을 가리키지만, 넓은 의미로는 보편적 진리나 법칙의 발견을 목적으로 한 체계적 지식 전체를 과학이라고 합니다. 정치학·사회학·인류학·지리학 등 인간사회를 탐구하는 사회과학에도 과학이라는 이름이 붙어 있고, 언어학·고고학·역사학 등은 인문학 또는 인문과학이라고 합니다. 인문사회 관련 학문에도 과학이라고 이름을 붙인 것은 이런 학문들도 체계적이고 객관성을 가지고 있음을 뜻합니다. 이렇게 인간이 과학과 지식, 학문을 발전시킬 수 있었던 것은 인간이 생각하는 동물, 호모 사피엔스였기 때문이죠.

우리는 과학과 기술을 붙여서 '과학기술'이라는 용어를 많이 사용하지만 사실 과학과 기술은 좀 다른 것입니다. 두산백과사전에는 과학기술을 '자연과학, 응용과학, 공학 및 생산기술을 일괄해서 논하거나 취급할 때 쓰이는 총칭'이라고 정의하고 있습니다. 과학과 기술은 불가분의 관계로 밀착돼 있고, 과학은 기술의 진보를 촉진하고 또한 기술이 제기하는 문제는 과학 발전을 자극하는 상승효과가 있습니다. 따라서 과학기술은 가속적으로 발전하고 있다는 부연 설명도 달려 있습니다. 과학은 원리의 발견을 바탕으로 하는 체계적 지식이고, 기술(Technology)은 과학을 바탕으로 뭔가를 만드는 것을 말합니다. 사전에 찾아보면 기술은 '과학이론을 실제 적용하여 사물을 인간 생활에 유용하도록 가공하는 수단, 사물을 잘 다룰 수 있는 방법이나 능력'이라고 정의돼 있습니다. 기술은 어떤 영감을 얻어서 어느 날 갑자기 만들어지거나 하늘에서 뚝 떨어지는 것이 결코 아닙니다. 우선은 과학 원리를 기반으로 하고 있고 수많은 실험과 시행착오를 거치면서 만들어집니다. 반면 과학은 새로운 것을 만들어내는 것이 아니라 모르고 있던 원리나 이치를 발견하는 것입니다. 과학자나 기술자들은 '연구개발(R&D)'이라는 용어를 많이 사용합니다.

연구(Research)란 찾고 또 찾는 탐구를 말하고, 개발(Development)은 새로운 기술이나 제품을 만드는 것을 말합니다. 요컨대 과학은 연구하는 것이고 기술은 개발하는 것입니다. 이렇게 새로운 것을 만들고 발명하는 것은 지혜로운 인간, 호모 사피엔스의 또 다른 본성입니다. 특히 근대 산업사회 이후에는 공업, 제조업이 사회적 생산력의 중심축이 되기 때문에 만들고 발명하는 것이 점점 중요해집니다. 뭔가를 만드는 인간의 본성을 강조해 부르는 용어가 '호모 파베르(Homo Faber)'입니다. 호모 파베르는 도구를 사용할 줄 알고 만드는 인간, 즉 공작인이란 뜻입니다. 프랑스의 철학자 앙리 베르그송이 주창했던 인간관으로 알려져 있습니다.

우리 인간에게 편리함을 주는 도구, 기계 등은 모두 인간이 만들어낸 것입니다. 바퀴를 만들어 더 빨리 이동할 수 있었고, 종이를 만들어 기록할 수 있었고, 비행기를 만들어 하늘을 날 수 있었으며, 전화기를 만들어 먼 거리에서도 소통할 수 있었습니다. 호모 파베르이기 때문에 가능했던 거죠. 요즘 메이커(Maker)라는 말을 많이 사용하고 있습니다. 예전에는 샤넬, 루이 뷔통, 크리스티앙 디오르 같은 고급 브랜드를 메이커라고 했습니다. 사전에도 '유명한 제작자나 제조업체의 제품'으로 나와 있습니다. 하지만 언론에서 자주 접하는 메이커(maker)는 그런 의미가 아닙니다. 디지털시대의 '만드는 사람'을 가리킵니다. 상상력과 아이디어를 바탕으로 제품을 스스로 구상하고 조립하고 만드는 사람들입니다. 이들은 주로 디지털기술과 오픈 소스(Open Source)를 사용합니다. 오픈 소스란 말 그대로 '소스코드가 무상으로 공개된 것'을 말합니다. 소프트웨어의 설계도라고 할 수 있는 소스코드를 공개해서 그 소프트웨어가 어떻게 만들어졌는지 누구나 알 수 있도록 한 것입니다. 메이커들은 오픈 소스를 전송받거나 아니면 직접 프로그래밍을 해서 디지털 설계도를 만들고, 3D 프린터 같은 디지털 기기를 사용해 원하는 것을 직접 만드는 사람들입니다.

메이커들은 스마트폰 케이스도 만들고 시제품도 만들고 웬만한 것은 다 만듭니다. 3D 프린터나 레이저커터 등 디지털 공작기기들을 갖추어놓고 메이커들이 함께 만들 수 있는 공간은 '메이커 스페이스(Maker Space)'라고 합니다. 최근에는 디지털공작을 좋아하는 마니아들이 한데 모여 자신들이 만들 시제품을 선보이고 각자의 경험을 공유하며 즐기는 축제가 매년 대도시에서 열리고 있습니다. 이 축제가 '메이커 페어(Maker Faire)'입니다. 미국 캘리포니아에서 2006년에 처음 시작되었고 지금은 전 세계 45개국에서 도시 단위로 연간 220회 이상 열리고 있다고 합니다. 우리나라에서는 2012년부터 서울에서 '메이커 페어 서울' 축제가 열리고 있습니다. 축제에 참여하는 메이커들은 정말 만드는 즐거움을 만끽하는 사람들이죠. 하나같이 만들기를 좋아하는 마니아들입니다. 메이커들이 주도해서 만들기를 즐기는 운동을 펼치는 것을 '메이커 운동'이라 하고, 그런 문화를 '메이커 문화'라고 합니다. 바야흐로 지금은 메이커의 시대라고 할 수 있습니다.

미국이나 유럽 선진국에는 DIY라는 오랜 전통이 있습니다. 'Do It Yourself(너 스스로 해라)'라는 뜻입니다. 가구도 조립하고, 자동차나 가전제품이 고장 나면 직접 고치기도 하고, 스스로 조립하고 만들고 고치는 걸 말합니다. 선진국은 워낙 인건비가 비싸기 때문에 가령 집 화장실 변기가 막히면 사람을 불러 고치지 않고 용액을 사서 직접 붓고 도구로 뚫는답니다. 이런 DIY도 메이커 문화의 일종입니다. 그러고 보면 메이커, 메이커 문화, DIY 등은 인간의 호모 파베르적인 속성을 보여줍니다.

그러다가 20세기 초반에는 인간의 본성을 조금 색다르게 설명하는 관점이 나타났습니다. 네덜란드의 역사문화학자 요한 하위징아(Johan Huizinga)라는 사람이 그 주인공입니다. 그는 인간의 유희적 본성, 즉 놀고 즐기는 특성에 주목했습니다. 1938년에 출간한 기념비적 저작 『호모 루덴스(*Homo Ludens*)』에서 그는 인간사회에서 문화현상의 기원에 대해 탐구합니다. 결론적으로 그는 모든 문화현상의 기원은 놀이에 있고 인간은 놀이를 통해 역사적으로 문명과 문화를 발전시켜왔다고 주장합니다. 문화에서 놀이가 나온 것이 아니라 거꾸로 놀이에서 문화가 만들어졌다는 아주 파격적인 주장이었습니다. 그러면서 그는 인간을 가리켜 '호모 루덴스'라고 했습니다. '놀이하는 인간, 유희인'이라는 뜻입니다. 인간은 본성적으로 놀고 즐기는 존재라는 것입니다.[3]

한번 생각해봅시다. 까마득한 옛날, 원시시대에는 게임기도 없었고 장난감도 없었습니다. 인류의 조상들은 뭘 하고 놀았을까요. 돌멩이를 주워서 함께 던지기도 하고 나뭇가지로 땅에 그림도 그리고 술래잡기도 하면서 놀았을 겁니다. 그런데 그냥 놀지 않고 나름대로 규칙도 만들고 경쟁도 하면서 놀았습니다. 바둑이나 체스, 장기 같

---

3 최연구, 「호모 사피엔스에서 호모 루덴스로」, 『아주경제』, 2017년 7월 5일자.

은 게임도 모두 인간이 만든 놀이입니다. 게임은 인간이 만든 문화적 발명품입니다.

그러고 보면 인간은 근본적으로 놀이를 좋아합니다. 누가 시켜서 노는 게 아니고 놀이는 자발적인 행위입니다. 놀이는 일상생활과 구분되며 결과가 정해져 있지도 않습니다. 또한 비생산적인 활동이면서 나름대로 규칙이 있습니다. 놀다보면 시간 가는 줄 모르고 자꾸 놀고 싶어집니다. 게임이나 놀이는 중독성이 있습니다. 놀이는 재미있기 때문입니다. 노는 것이 차츰 발달해 놀이문화가 되고 놀이 요소를 중심으로 문화가 만들어지는 거죠. 인간이 놀이를 좋아하는 것은 이런 인간의 유희적인 본성 때문입니다. 인간의 문화에서 가장 중요한 것은 삶을 즐기는 것이고, 삶을 즐기기 위해서는 재미가 있어야 합니다.

인간은 호모 사피엔스, 호모 파베르, 호모 루덴스의 속성을 동시에 지니고 있습니다. 과학과 지식을 발전시켜온 것은 호모 사피엔스적인 속성입니다. 기술을 발전시키고 새로운 것을 만들어온 것은 호모 파베르적인 속성입니다. 또한 재미있게 놀고 즐기는 문화를 발전시켜온 것은 호모 루덴스적인 속성이라고 할 수 있습니다. 과학과 기술, 문화는 인류가 오랜 세월 동안 살아오면서 발전시켜온 소중한 자산입니다.

호모 나랜스, 호모 쿵푸스

호모 사피엔스, 호모 파베르, 호모 루덴스 외에도 인간의 본질적 특성을 나타내는 용어들이 있습니다.

인간은 언어를 갖고 이야기를 하는 본능을 갖고 있는데, 이야기하는 인간을 일컬어 '호모 나랜스(Homo Narrans)'라고 합니다. 인류의 역사는 곧 인간이 살아온 이야기이고, 인간은 스토리를 통해 서로 소통을 한다는 뜻입니다. 만드는 인간 호모 파베르와 유희하는 인간 호모 루덴스를 합성한 '호모 파덴스'라는 말도 만들어졌습니다. 만드는 본능과 즐기는 본능이 인간의 본능 중 가장 중요하다는 의미이겠지요.

또 한 가지 '호모 쿵푸스(Homo Kungfus)'라는 말이 있는데, 쿵푸는 우슈와 같은 말로 중국의 무술을 가리키지만 공부의 한자어이기도 합니다. 공부(工夫)란 학문과 기술을 배우고 익힌다는 뜻입니다. 호기심을 갖고 탐구하고 지식을 추구하고 기술을 익히며 공부하는 유일한 동물이 인간입니다. 특히 21세기는 평생학습의 시대입니다. 세상이 빠르게 변화하고 지식도 변화하면서 사회변화에 뒤처지지 않으려면 끊임없이 학습해야 하기 때문입니다. 평생 공부하는 인간이 바로 호모 쿵푸스입니다.

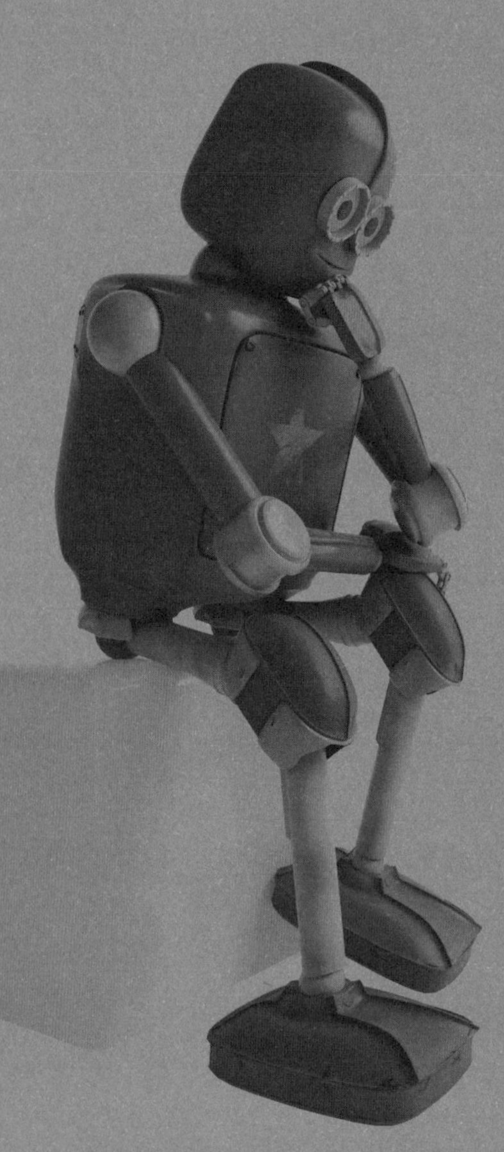

제3장

르네상스와 근대 시민사회

○●○

앞서 우리는 인간의 위대함과 본성에 대해 이야기했습니다. 인간은 과학, 기술, 문화를 발전시키면서 현재와 같은 문명을 건설해왔습니다. 오늘날 우리는 과학기술의 산물과 함께 살고 있습니다. 하루 일상을 한번 상상해보세요. 아침에는 휴대폰 알람소리에 깨어나고, 일어나면 전철이나 자동차를 타고 학교나 직장으로 갑니다. 매일 스마트폰으로 연락하고 컴퓨터로 이메일을 확인합니다. 어느 광고 카피에 '침대는 과학'이라고 했는데, 주변의 거의 모든 것이 과학입니다. 과학이 빠른 속도로 발전하기 시작한 것은 언제부터고 어떤 계기 때문이었을까요. 요즘은 과학자나 연구자라는 직업이 사회적으로 존경을 받고 있지만, 가령 중세시대만 하더라도 과학자라는 직업은 존재하지 않았습니다. 당연히 과학이나 기술도 그리 발전된 수준이 아니었습니다. 과학이 빠르게 발전한 것은 근대 이후부터입니다. 중세에서 근대로 넘어가는 시기의 가장 큰 특징은 인간이 인간 자신에 대한 관심을 갖기 시작했고, 인간능력에 대한 신뢰를 바탕으로 근대적인 과학이 발전하기 시작했다는 것입니다.

○●○

근대, 근대화란 무엇인가

우리는 '근대' '근대화' 등의 용어를 자주 사용합니다. 간단하게 말하면 근대화란 '근대가 되는 것'입니다. 시간적으로 근대가 되는 것이 아니라 근대사회의 모습과 내용을 갖추는 것을 의미합니다. 전문가들은 각자 나름대로의 의미로 근대나 근대화라는 용어를 사용하지만 사실 근대에 대한 명확한 시기 구분이나 근대화에 대한 합의된 개념 정의는 없습니다.

근대화는 여러 가지 의미를 갖고 있습니다. 보통은 서구사회와 닮아간다는 서구화를 의미합니다. 산업 측면에서는 제조업이나 공업이 중심이 되는 사회가 된다는 공업화를 뜻합니다. 그리고 정치적으로는 시민의 권리가 확대된다는 민주화를 뜻합니다. 합리적인 생각과 과학정신이 뿌리내리는 합리화, 인구가 도시에 집중되고 도시가 발달하는 도시화 등의 의미도 함께 갖고 있습니다. 신분제에 기반하고 있는 봉건사회로부터 자본주의 사회로 이행해가는 과정을 근대화라고 정의하는 사람도 있습니다.

어떻게 정의를 하든 근대 또는 근대화는 인류사에서 매우 중요합니다. 지금 우리가 살고 있는 현대사회를 이해하기 위해서는 근대화의 본질을 제대로 이해해야 합니다. 근대 이후 과학, 기술, 문화는 이전의 중세와는 본질적으로 다르기 때문입니다. 고대나 중세시대에도 나름대로의 과학, 기술, 문화가 있었지만 근대 이전과 근대 이후는 그 양상이 완전히 다릅니다. 그러면 근대, 근대화가 도대체 뭘까요.

『사전』에서 '근대'를 찾아보면 '얼마 지나지 않은 가까운 시대 또는 역사 시대 구분의 하나로 중세와 현대 사이의 시대'라고 되어 있습니다. 한자 '가까울 근(近)'을 썼으니까 지금과 가까운 시대를 의미하는 거죠. '현대'라는 시기 구분도 있지만 현대와 근대를 구분하지 않고 근대를 포괄적 의미로 사용하는 경우도 많습니다. 우리말에서는 뭔가 고리타분한 것을 가리킬 때 '봉건적'이라고 합니다. 봉건적 가부장제, 봉건적 사고, 봉건적 제도 등등 뭔가 구시대적인 인습을 가리킬 때 '봉건적'이라는 말을 사용합니다.

'봉건적'의 반대말은 '근대적'입니다. 영어로는 '모던(modern)'이죠. 근대적 학문, 근대적 교육제도, 근대적 도시, 근대적 법 등등 '근대적'이라는 것은 '뭔가 새롭고 현대적'이라는 뜻입니다. 근대적인 성질이나 특징을 가리켜 '근대성(近代性)' 또는 '모더니티

(modernity)'라고 말하는데, 사회과학이나 철학에서는 중요한 용어입니다. 모더니티는 중세 봉건제를 벗어났음을 의미합니다. 전통을 거부하고 개인의 자유와 개성을 존중하며 종교를 벗어난다는 세속화의 의미도 내포하고 있습니다. 중세사회가 신분사회고 종교적인 사회라면, 근대사회는 세속적인 사회고 개인의 능력이 존중되는 사회입니다.

학문적으로도 근대는 중요합니다. 자연과학이나 사회과학에서는 근대적 학문의 기점이 언제인가를 따집니다. 가령 정치학에서 근대 정치학이라고 하면 마키아벨리의 『군주론』을 그 출발점으로 삼습니다. 마키아벨리 이후 근대적인 정치학이 발전했다고 보는 겁니다. 마키아벨리는 원래 피렌체 공국에서 외교 업무를 했던 사람입니다. 그의 대표작 『군주론』은 1513년에 원고가 완성되고 1532년에 출간됐습니다. 이 책은 당시 피렌체의 지배자였던 로렌초 데 메디치에게 올리는 글의 형식으로 쓰였습니다. 군주국의 종류, 군주의 행동, 관리의 선임 등 근대 정치를 이론적으로 기술한 입문서라고 할 수 있습니다. 사회학, 경제학 등도 근대사회 발전과 함께 근대적인 학문 체계를 갖추게 됩니다.

한편 근대철학은 데카르트와 베이컨으로부터 시작됩니다. 영국에서는 명문가 출신의 철학자 프랜시스 베이컨(1561~1626)에 의해 경험주의 철학이 싹텄습니다. 베이컨은 '경험을 통해 직접 관찰하고 실천하며 지식을 쌓아야 한다'고 강조하면서 유용하고 실제적인 지식을 추구했습니다. '아는 것이 힘이다'라는 유명한 말을 남겼던 사람이 바로 베이컨입니다.

반면 프랑스에서는 경험주의와는 다른 합리주의 철학이 나타나는데, 그 주인공은 프랑스 철학자이자 수학자였던 데카르트(1596~1650)입니다. 데카르트는 수학자로서 해석기하학의 기초를 닦는 데도 큰 업적을 남겼지만 무엇보다 이성적 사고와 합리정신을 강조했던 철학자이며 근대 합리주의의 아버지라고 불립니다.

1637년 그는 프랑스어로 된 최초의 철학서적 『이성을 올바르게 이끌어 여러 가지 학문에서 진리를 구하기 위한 방법서설』을 발표했고, 1644년에는 『철학의 원리』를 출간했습니다. 이 두 책에는 그 유명한 '나는 생각한다 고로 나는 존재한다(프랑스어로 Je pense, donc je suis : 라틴어로 Cogito ergo sum)'라는 데카르트의 명제가 나옵니다. 모든 것을 의심하고 또 의심해서 참으로 신뢰할 수 있는 지식에 도달해야 한다고 그는 주장합니다. 영국에서 싹튼 경험주의와 프랑스에서 싹튼 합리주의는 근대철학의 양대 산맥이라고 할 수 있습니다.

근대의 서막, 르네상스

근대화가 빠른 속도로 전개된 것은 과학혁명, 시민혁명, 산업혁명을 거치면서였습니다. 하지만 이미 그 이전에 중세와는 다른 새로운 문화를 창출하려는 거대한 흐름이 있었습니다. 이를 '르네상스'라고 부릅니다. '르네상스(Renaissance)'는 프랑스어입니다. '네상스(Naissance)'가 '탄생'이라는 뜻이고 '르(Re)'는 '다시'를 의미하므로 르네상스는 '재탄생, 재생, 부흥'이란 뜻입니다.

14~15세기에 이르러 봉건사회가 흔들리고 중세 교회가 쇠퇴하기 시작하는데, 이때 나타난 문화운동이 르네상스입니다. 재탄생이란 서사시, 신화, 역사, 자연철학 등 인문학의 전통이 강했던 고대 그리스, 로마 문화의 부활을 의미합니다. 르네상스는 인간 중심의 세계관과 자유로운 개성을 강조합니다. 르네상스가 가장 먼저 시작된 곳은 이탈리아입니다. 이탈리아는 옛 로마제국의 중심지였고 다른 지역보다 상공업이 발달해 도시의 자유로운 시민계급이 발달했기 때문입니다. 또한 상인에 의한 교역이 발달해 고대 그리스 문화를 계승해온 이슬람이나 비잔티움과의 교류도 많았습니다.

르네상스 정신은 인문주의, 즉 휴머니즘(Humanism)입니다. 인문주의야말로 중세와 근대를 구분하는 가장 중요한 척도라고 할 수 있습니다. 인문학은 보통 '문사철(文史哲)'로 요약하는데, 문학, 역사, 철학을 가리킵니다. 문학은 인간의 사상과 감정을 언어로 표현한 예술이나 작품이고, 역사는 인간의 과거를 학문적으로 연구하는 것입니다. 그리고 철학은 인간과 삶의 본질에 대해 부단히 질문을 던지고 사색하는 학문입니다. 결국 공통점은 인간 자신에 대한 탐구와 성찰이라는 점입니다.

르네상스 시기의 인문주의 부흥으로 고대 그리스와 로마의 고전 작품에 대한 관심이 커지고 활발한 연구가 진행됩니다. 인문주의의 선구자는 피렌체의 시인 단테였습니다. 알리기에리 단테(Alighieri Dante)는 뛰어난 서정시를 발표했고, 『신곡』이라는 불후의 고전을 남겼습니다. 신곡은 단테가 1304년부터 1320년까지 구상하며 쓴 작품입니다. 지옥편, 연옥편, 천국편이 각각 따로 출판되어 귀족, 지식인은 물론이고 대중들에게도 큰 인기를 누렸습니다. 그리스, 로마 신화와 철학, 중세 기독교 사상과 천문학, 지리학, 예술 등 방대한 지식이 담겨 있는 작품이며 대표적인 르네상스 문학으로 손꼽힙니다. 무엇보다 중세시대 귀족들이 사용하던 라틴어가 아니라 자국어인 이탈리아어로 썼다는 점이 돋보입니다. 단테에 이어 페트라르카 역시 이탈리아어로 자연의 아름다움과 인간을 노래한 서정시를 발표했고 고전을 번역해 소개하기도 했습니다. 보카치오는 1349~1351년 단편소설집 『데카메론(*Decameron*: 10일간의 이야기)』에서 인간의 위선을 풍자하고 인간의 세속적인 삶을 묘사했습니다. 일반 시민과 서민들의 언어로 문학작품을 발표하고 인간의 세속적 삶과 감정을 묘사하기 시작했다는 점은 르네상스 문학의 특징입니다.

르네상스의 발전에는 피렌체의 명문 가문 메디치가(家)가 중요한 역할을 합니다. 유럽에는 왕가를 비롯한 명문 가문들이 몇 개 있습니다. 프랑스의 부르봉 왕가, 오스트리아의 합스부르크 왕가 등이

출처: FrameAngel / Shutterstock.com

● 르네상스의 정신은 휴머니즘이다.

명문가문입니다. 이탈리아에서는 상업을 통해 부를 축적한 메디치 가문을 명문가로 꼽는데, 로렌초 데 메디치 시절이 최전성기였습니다. 메디치가는 적극적으로 메세나를 했던 것으로 유명합니다. '메세나(mécénat)'는 프랑스어로 '문화예술에 대한 후원'을 뜻합니다. 메디치가는 어린 미켈란젤로를 받아들여 숙식을 제공하며 후원을 했고 결국 덕분에 그의 천재성을 꽃피울 수 있었습니다. 도나텔로, 보티첼리, 라파울로 등 걸출한 예술가들도 모두 메디치가의 후원을 받았습니다. 메디치가의 후원으로 서로 다른 분야의 재능과 지식, 기술을 가진 예술가, 시인, 철학자, 과학자가 활발히 교류할 수 있었고, 그 과정에서 자연스럽게 창조적인 결과물들이 만들어졌습니다. 이것이 근대 르네상스의 원동력이 되었다고 보는 시각도 있습니다.

경영컨설턴트인 프란스 요한슨(Frans Johansson)이라는 사람은 이렇게 서로 다른 분야 사람들이 교류하고 협력하면서 창조적인 결과물이 생성되는 것을 일컬어 '메디치 효과(the Medici Effect)'라고 이름 붙였습니다. 메디치 효과는 창의성을 설명할 때 많이 인용됩니다. 비슷한 생각을 가진 사람들, 비슷한 일을 하는 사람들이 많이 모여 이야기하는 것보다 자기와 다른 생각, 다른 분야의 사람과 만날 때 창의적인 아이디어가 훨씬 많이 나온다는 것입니다.

그렇다면 르네상스는 왜 그렇게 중요할까요. 프랑스의 역사학자 르네 레몽은 르네상스의 특징으로 정보를 확산하는 새로운 방법, 기초적인 텍스트의 과학적인 강독, 고대문화에서의 문학, 예술, 기술에 대한 존중 등을 들었습니다. 가장 중요한 것은 인문주의의 부흥을 통해 인간 중심의 세계관이 정립될 수 있었다는 것입니다. 인간 중심의 세계관이란 세상의 주인이 인간이고 인간 중심으로 세계를 봐야 한다는 관점입니다. 쉽게 이야기하면 세상을 바꾸는 것은 신의 뜻이 아니라 인간 자신의 능력과 노력임을 자각하게 된 것입니다. 당시 이탈리아인을 비롯한 서구 유럽인은 자신들도 그리스인이나 로마인처럼 문명과 사회에 이바지할 수 있음을 깨닫고, 오랜 기간 동안 중세시대를 지배해온 신 중심의 세계관에서 탈피해 인간 중심으로 세계를 바라보기 시작했던 것입니다.

르네상스 운동을 거치면서 인간은 인간 고유의 가치를 지닌 창조적인 표현을 존중하면서 예술, 철학, 과학, 윤리학 등을 획기적으로 발전시킬 수 있었습니다. 가령 자연현상을 인식하고 원리를 깨닫는 과학이나 과학 원리를 기반으로 새로운 것을 만들어내는 기술 발전은 인간이 인간 자신의 능력과 잠재력에 대한 신뢰를 가짐으로써 가능해졌습니다. 만약 중세시대였다면 자연현상은 신의 뜻이라고만 생각했겠지만, 르네상스 시대부터는 인간의 과학적 인식으로 자연현상의 법칙을 알아내기 시작한 것입니다. 르네상스는 신 중심의 세계관에서 인간 중심의 세계관으로의 근본적 변화를 의미합니다.

르네상스에서 과학혁명으로

르네상스로 인해 인간 중심의 세계관이 정립되면서 자연과 생명을 탐구하는 과학도 비약적으로 발전하기 시작합니다. 16~17세기에 걸친 근대 과학의 발전을 일컬어 '과학혁명'이라고 합니다. 이때의 과학혁명은 보통명사가 아니라 고유명사입니다. 혁명이란 아주 근본적인 변화를 뜻하는데, 혁명이란 단어를 쓸 정도로 과학에서 비약적인 발전이 있었던 시기입니다. 역사학자 허버트 버터필드(Herbert Butterfield)라는 사람은 서양의 근대사회를 형성한 세 가지 주요사건으로 르네상스, 종교개혁, 과학혁명을 꼽았는데, 이 가운데 과학혁명

이 가장 심오한 변화를 주었다고 주장했습니다.[4]

과학혁명은 천문학에서 가장 먼저 시작됩니다. 그 주인공은 폴란드의 천문학자 니콜라스 코페르니쿠스입니다. 코페르니쿠스는 천문학자이지만 가톨릭 신부이기도 합니다. 교황청이 있는 이탈리아로 유학을 간 코페르니쿠스는 그곳에서 그리스의 고문헌들을 많이 접하게 됩니다. 그러다가 그는 아리스타르코스의 태양중심설, 즉 지동설을 처음 알게 됩니다. 아리스타르코스(Aristarchos)는 기원전 3~4세기에 살던 그리스의 천문학자이자 수학자였는데, 태양이 우주의 중심이며 지구는 그 둘레를 하루에 한 번씩 자전하고 1년에 한 번 태양을 도는 공전을 한다고 처음으로 주장했던 사람입니다. 물론 그 시대 사람들은 아무도 이런 이론에 귀 기울이지 않았고 그는 비웃음만 샀습니다.

아리스타르코스의 충격적인 우주이론을 접한 코페르니쿠스는 폴란드로 돌아와서도 계속 천문학을 연구했고 결국 지동설이 옳다는 결론에 도달합니다. 과학혁명의 서막이 된 책 『천구의 회전에 대하여』는 그가 임종한 해인 1543년에야 출판됩니다. 이 책은 총 6부로 구성되어 있습니다. 이 책의 제1부에서 그는 지동설의 타당성을 역설하면서 태양이 우주의 중심이고 지구를 비롯한 행성들은 태양의

4 임경순·정원, 『과학사의 이해』, 다산출판사, 2014, 68쪽.

둘레를 돌고 있다고 주장합니다.

코페르니쿠스가 죽은 후 천문학자로서 이름을 떨친 사람은 덴마크의 천문학자 티코 브라헤였습니다. 그는 덴마크 국왕의 지원을 받아 대규모의 천문대를 설치하고 정밀한 천체관측을 했던 사람입니다. 그가 남긴 정밀한 관측자료들은 아리스토텔레스의 우주론을 비판하는 근거가 되었습니다. 티코의 관측자료를 바탕으로 독일의 천문학자 요하네스 케플러는 행성은 태양을 초점으로 타원 궤도를 돈다는 케플러의 법칙을 정리해서 1603년 『새로운 천문학(*Astronomia nova*)』이란 제목의 책에 발표했습니다.

케플러의 뒤를 이은 사람은 이탈리아의 천문학자이자 물리학자 갈릴레오 갈릴레이입니다. 그는 망원경으로 태양의 흑점, 달 표면, 금성, 목성 등을 관찰했고, 역학 연구를 통해 근대 물리학의 기초를 닦았던 사람입니다. 1610년 관찰결과를 바탕으로 지동설이 타당하다고 발표하자 로마 교황청은 갈릴레이에게 엄중하게 경고했습니다. 당시 교황청에게 '태양은 하늘의 중심이고 움직이지 않는다', 그리고 '지구는 하늘의 중심이 아니고 운동을 하며 움직인다'는 두 가지 명제는 엄격히 금지된 명제였기 때문입니다.

1632년 갈릴레이는 지동설을 증명하는 책까지 냈지만 이로 인해 교회의 박해는 더욱 심해졌습니다. 결국 갈릴레이는 교황청의 종교재판에 소환되었고 유죄선고를 받았습니다. 재판정을 나서면서 갈릴레이가 혼자말로 "그래도 지구는 돌고 있다"고 말했다는 에피소드는 유명합니다. 실제 그가 그런 말을 했는지는 확실하지 않습니다.

한편 갈릴레이는 수학과 실험을 과학의 중요한 방법론으로 생각했던 과학자였습니다. 실제로 실험을 많이 했는데 그 가운데 '피사의 사탑 실험'이 가장 유명합니다. 무거운 물체와 가벼운 물체를 높은 곳에서 떨어뜨렸을 때 무게와 관계없이 두 물체는 동시에 떨어진다는 사실을 확인했던 실험입니다. 고대 그리스의 아리스토텔레스가 수학을 중요시했듯이 갈릴레이도 수학이야말로 자연을 해석하는 유일한 언어라고 생각했습니다. 또한 자연계는 초자연적 힘인 영혼이 아니라 수량과 운동으로 환원되는 역학적인 세계라고 주장했습니다. 이런 생각이야말로 과학적인 세계관입니다.

그밖에도 과학은 여러 분야에 걸쳐서 체계적으로 발달하기 시작했습니다. 의사 베살리우스는 1543년 『인체의 구조에 관하여』라는 책을 출판해 근대해부학의 기초를 다졌습니다. 영국의 의사이자 생리학자인 하비는 혈액순환의 원리를 밝혀내 생리학의 기초를 마련하였습니다. 생물 연구에서는 현미경을 이용하기 시작했습니다. 그리고 뉴턴과 라이프니츠는 근대과학의 가장 기본이라 할 수 있는 미적분학을 창시했습니다.

특히 아이작 뉴튼(1642~1727)은 코페르니쿠스로부터 시작된 과학혁명을 완성한 상징적인 인물이라고 할 수 있습니다. 뉴턴 하면 가장 먼저 생각나는 것은 사과죠. 그는 떨어지는 사과를 보면서 만유인력의 법칙을 발견했습니다. 1687년 『자연철학의 수학적 원리』라는 제목의 책을 발표하는데, 이 책은 『프린키피아』라는 이름으로 알려져 있습니다. 뉴턴은 '관성의 법칙' '힘과 가속도의 법칙' '작용과 반작용의 법칙' 등 운동의 세 가지 법칙과 만유인력의 법칙 등을 밝혀 역학의 체계를 확립합니다. 뉴턴은 자신의 위대한 업적에 대해 "나는 거인들의 어깨위에서 세상을 보았다"고 말했습니다. 거인의 어깨 위에서 보면 멀리 볼 수 있듯이 자신이 이루어낸 업적들도 앞선 위대한 거인들의 업적을 이어받았다는 의미입니다. 그가 말한 거인의 업적으로는 세 가지를 들 수 있는데, 데카르트의 해석기하학, 케플러의 행성운동의 법칙, 갈릴레이의 운동의 법칙 등을 말합니다.

그렇다면 이런 일련의 과학혁명을 거치면서 얼마나 큰 변화가 있었을까요. 과학사 전문가인 포스텍(포항공과대학교)의 임경순 교수는 과학혁명 이전과 이후 사람들의 세계관이 어떻게 다른지를 비교하면서 거대한 변화를 설명합니다.[5] 과학혁명은 유럽에서 일어났기 때문에 여기에서 말하는 사람들은 물론 유럽인을 말합니다.

가령, 과학혁명이 시작되기 전인 1500년경 사람들은 우주는 유한하고 우주의 중심에는 지구가 있으며 지상계와 천상계는 전혀 다른

5 임경순 · 정원, 『과학사의 이해』, 다산출판사, 2014, 69쪽.

세계라고 생각했습니다. 또한 지상계를 이루는 물질의 기본단위는 흙, 물, 불, 공기의 네 가지라는 고대 그리스의 자연철학을 그대로 믿고 있었습니다.

하지만 과학혁명이 완성되는 시점인 1700년경 사람들은 1500년경 사람들과는 완전히 다른 생각을 갖게 됩니다. 우주는 무한한 크기이고 지구는 우주 안의 태양계에 위치해 있고 태양의 주위를 돌고 있으며 스스로 자전도 하고 있다고 생각하게 되었으며, 지상계와 천상계의 구분은 의미가 없다는 것도 깨닫게 됩니다. 물질세계를 구성하는 원소는 매우 다양하다는 생각을 하게 되었고 인체해부, 실험 등을 통해 자연과 생명에 대해 점점 많은 지식을 갖게 됩니다.

과학혁명을 거치면서 태양을 중심에 두고 행성들이 공전한다는 지동설이 정립됐고, 운동의 원인보다는 운동이 일어나는 과정을 중시하는 역학이 탄생해 물리학을 발전시켰습니다. 인체이론에서는 피가 심장에서 나와 온몸을 순환한다는 이론이 나와 생리학과 의학을 발전시켰습니다. 우주, 물질, 생명에 대한 이해의 폭이 넓어지고 세계를 객관적으로 바라보는 근대적인 과학의 기초가 정립되었던 것입니다.

시민혁명과 근대 시민사회

르네상스 운동을 거치면서 인문주의가 확산되고, 과학혁명을 통해서는 근대 과학이 정립됩니다. 사회는 신 중심의 종교사회가 아니라 인간 중심의 세속사회로 변화합니다. 인문학의 발전은 인간의 자유, 평등, 박애를 이념적으로 지향하는 시민혁명의 기반이 되었습니다. 중세에서 근대로 이행되면서 권력의 중심은 종교에서 정치로 이동합니다.

가령 중세 유럽에서 최고 권력자는 교황청의 교황이었지만, 근대사회로 넘어가는 과정에서는 각 국가별로 국왕이 최고 권력자가 됩니다. 국왕이 절대권력자가 되면서 국왕의 권력은 신으로부터 부여받았다는 '왕권신수설'이 나타났고 국왕이 절대적 권력을 갖는 '절대왕정'이 나타납니다. 절대왕정의 전성기는 프랑스 국왕 루이 14세 때입니다. 태양왕이라는 별명을 가진 루이 14세(1638~1715)는 '짐이 곧 국가다'라는 유명한 말을 남겼습니다. '왕이 국가'라는 말은 국가의 모든 것이 왕에 의해 좌지우지될 만큼 절대 권력을 갖고 있다는 말입니다.

절대왕정 시기를 거치면서 이른바 '부르주아 계급'이라고 불리는 자유로운 시민들이 성장합니다. 또한 정치적으로는 기존의 봉건적 질서를 타파하고 근대국가를 건설하고자 혁명이 일어납니다. 이를 시민혁명이라고 합니다. 가장 대표적인 것은 1789년의 프랑스대혁

● 들라크루아의 「민중을 이끄는 자유의 여신」(1831).

명입니다. 영국에서는 이미 그 이전 1649년에 있었던 청교도 혁명과 1688~1689년의 명예혁명을 거치면서 근대적인 정치제도인 입헌군주제가 수립됐고, 독일에서는 1848년에 시민혁명이 일어납니다.

프랑스대혁명은 국왕 루이 16세와 왕비 마리 앙투아네트를 단두대에서 목을 잘라 처형하고, 급진적 개혁으로 엄청난 사회변화를 일으켰던 정치혁명입니다. 오늘날 프랑스의 교육제도, 행정체계, 시민법 등 대부분은 프랑스대혁명 이후에 나타난 새로운 질서입니다. 프랑스대혁명 이전의 봉건적 체제를 프랑스어로는 '앙시앵 레짐

(ancient régime)'이라고 부르는데, 이는 '구체제'란 뜻입니다.

사회를 연구하는 사회학(sociology)이라는 학문도 프랑스대혁명 때문에 탄생했습니다. 사회학의 창시자는 프랑스의 실증철학자 오귀스트 콩트(Auguste Comte, 1798~1857)라는 사람입니다. 프랑스의 명문 소르본대 앞에 가면 흉상이 하나 있는데, 그가 바로 콩트입니다. 그 정도로 프랑스 역사에서 콩트는 중요한 지식인입니다. 콩트는 프랑스혁명으로 인한 대혼란의 상황에서 사회 질서를 어떻게 유지하고 새로운 사회는 어떻게 건설할지, 변화의 방향은 어떠해야 할지 등을 고민하면서 실증철학을 만들었습니다. 이 실증철학이 발전해서 사회학이라는 근대적인 학문이 된 것입니다. 프랑스대혁명에서 제기되었던 이념은 자유, 평등 그리고 박애입니다.

오늘날 프랑스가 가장 중요한 국경일로 여기는 것은 7월 14일 프랑스혁명 기념일입니다. 프랑스혁명 기념일 전날에는 전야제가 열리고 전국의 주요도시에서 불꽃놀이를 하는 등 완전히 축제 분위기입니다. 혁명 기념일 당일에는 샹젤리제 대로에서 개선문까지 화려한 대규모 군사 퍼레이드를 펼칩니다. 7월 14일은 시민혁명군이 바스티유 감옥을 습격해 정치범들을 석방하면서 혁명이 촉발되었던 날입니다. 그만큼 프랑스인은 프랑스대혁명을 중요한 역사적 사건으로 생각하고 있습니다. 혁명이 한창이던 1789년 8월 26일, 국민의회는 역사적인 「인간과 시민의 권리선언」을 발표합니다. 이것이 그

유명한 「프랑스 인권 선언」입니다.

이 선언의 제1조에는 '인간은 나면서부터 자유롭고 평등한 권리를 가진다'고 규정하고 있습니다. 프랑스 인권선언은 자연법과 계몽사상을 기반으로 하는 인간 해방의 이념을 담고 있고, 근대 시민사회의 정치이념을 표현하고 있습니다. 프랑스대혁명과 프랑스 인권선언은 역사적으로 매우 중요한 의미를 갖고 있습니다. 비록 프랑스에서 일어난 혁명이고 프랑스에서 발표된 선언문이었지만 자유, 평등, 박애 등 세 가지 이념은 인류 전체가 공유하는 보편적인 이념이라는 것입니다.

프랑스 인권선언이 규정한 자유롭고 평등한 권리는 프랑스 국민에게만 해당되는 것이 아니라 인종, 종교, 신분, 신념 등에 관계없이 누구나 가질 수 있는 있는 권리를 말합니다. 오늘날 모든 국가는 프랑스대혁명으로 탄생한 보편적 사상과 인권 개념을 당연한 인간의 권리로 받아들이고 있습니다. 자유와 평등사상은 거의 모든 나라의 헌법에 반영되어 있습니다. 프랑스대혁명에서는 자유와 평등을 동시에 강조했는데, 사실 자유와 평등은 다소 상충될 수 있는 개념입니다. 자유와 평등, 두 마리 토끼를 동시에 좇기 어렵기 때문입니다. 자유를 추구하다보면 소득격차가 생겨 평등이 깨질 수 있고 평등을 추구하다보면 개인의 자유가 침해될 수 있습니다. 결국 자유를 강조하는 흐름은 자유주의적 자본주의로 발전했고, 평등을 우선으로 하는 흐름은 사회주의, 공산주의로 발전하게 됩니다. 어쨌거나 자유주의적 자본주의와 사회주의 둘 다 프랑스대혁명의 이념으로부터 출발한 것은 분명합니다.

르네상스 운동으로 인문주의가 부흥돼 문학·예술·철학 등이 발전하고, 정치적으로 인권과 시민의 권리 개념이 확립된 것은 인류 역사의 '정신적인 진보'입니다. 이런 진보에 힘입어 자유의 사상이 자리 잡게 되고 시민계급이 주도적인 역할을 하게 됨으로써 역사적으로 자본주의 경제가 태동할 수 있는 조건이 만들어진 것입니다. 한편 근대과학의 비약적인 발전은 기술혁신을 기반으로 하는 18세기 후반의 '산업혁명'으로 이어집니다. 이는 문명의 '물질적 진보'라고 할 수 있습니다.

프랑스대혁명과 기요틴

목을 잘라 처형하는 단두대는 프랑스대혁명 시기에 나타납니다. 프랑스어로는 '기요틴(guillotine)'이라고 합니다. 모든 사형을 기요틴을 이용해 집행할 것을 요구하는 법을 제안해 통과시켰던 당시의 국회의원 기요탱은 이 기계장치에 대해 "천둥처럼 떨어지면 목이 날아가고 피가 튀면서 더 이상 살아 있지 않다"라고 묘사했습니다. 프랑스대혁명 시기, 민중의 적으로 규정된 사람들은 모두 단두대에서 처형됐습니다. 절대권력을 가졌던 국왕 루이 16세와 왕비 마리 앙투아네트마저 분노한 민중에 의해 기요틴에서 목이 잘려 죽었습니다. 이후 프랑스의 모든 사형은 기요틴으로 집행됩니다.

프랑스에서는 1981년 프랑수아 미테랑이 대통령에 당선되고 사회당이 집권하면서 사형제가 폐지됩니다. 당시 국민의 60퍼센트 이상이 사형제를 유지하자는 의견이었지만 이러한 반대에도 불구하고 인권변호사 출신인 미테랑 대통령은 자신의 공약이었던 사형제 폐지안을 추진해 결국 국회에서 통과시켰습니다.

20세기 후반까지도 단두대를 계속 사용된 걸 보면서 문명국가의 야만이라 생각할 수도 있습니다. 하지만 원래 단두대는 프랑스대혁명 시기, 계몽주의 정치인이자 진보적 성향의 의사였던 조제프 이냐스 기요탱(Joseph Ignace Guillotin)이 인도적인 처형법으로 제안했던 것입니다. 그의 이름을 따 기요틴이라는 이름이 붙은 단두대는 죽음의 고통을 최소화하고 사형을 민주화하기 위해 만들어졌습니다. 이전까지 프랑스에서 사형은 마차로 팔다리를 찢기, 칼로 목을 베기, 화형, 교수형 등 비인간적이고 잔인하기 이를 데 없었습니다. 이런 배경 지식과 기요탱의 의도를 모르면 단두대는 단지 목을 베는 끔찍한 장치로만 보일 수 있습니다.

계몽사상과 백과전서

17세기 후반부터 18세기에 걸쳐 프랑스에서 싹터 풍미했고 인간의 이성과 진보를 중요하게 생각했던 사상적 흐름이 계몽사상입니다. 계몽(enlightenment)이란 지식수준이 낮거나 인습에 젖은 사람을 가르쳐 깨우친다는 의미입니다. 계몽사상가들은 지상의 모든 합리적 지식을 수집하여 민중들을 깨우친다는 목적으로 백과사전을 집필하였는데, 여기에 참여한 사람들을 백과전서파라고 합니다. 루소, 볼테르 등 당대 최고의 지식인 150여 명이 참여했고 이들의 생각은 프랑스대혁명의 사상적 배경이 됩니다. 『백과전서』는 1751년에 제1권이 나왔고 1772년에 마지막 권이 나왔습니다. 21년이 걸린 방대한 작업이었고 본문, 도판을 포함해 모두 28권이 출판되었습니다.

『백과전서』의 출판 편집을 총괄했던 사람은 계몽사상가 드니 디드로(Denis Diderot)와 장 르롱 달랑베르(Jean Le Rond D'Alembert)였습니다. 디드로는 『백과전서』의 「서문」에서 백과전서의 목적을 설명했습니다. "지상에 흩어져 있는 모든 지식을 수집하고 동시대 사람들에게 전체적인 윤곽과 구조를 제시하며 후세 사람들에게 이를 전달하는 것, 그리하여 지난 세기의 작업이 다음 세기에도 유용하게 하고 우리 자손이 더 많은 교육을 받음으로써 더욱더 고결하고 행복하게 하며 우리 자신 역시 인류에게 마땅히 주어진 행운을 누리지 못하고 죽는 일이 없도록 하기 위함"이라고 썼습니다.[6] 『백과전서』는 자연과학과 사회과학의 지식과 진보를 소개하면서 이성적이고 세속적인 세계관을 확산하는 데 크게 이바지했고, 근대화와 시민혁명의 정신적인 바탕이 되었습니다.

6 브리태니커 편찬위원회 지음, 『브리태니커 필수 교양사전 : 근대의 탄생』, 2017, 아고라, 16쪽.

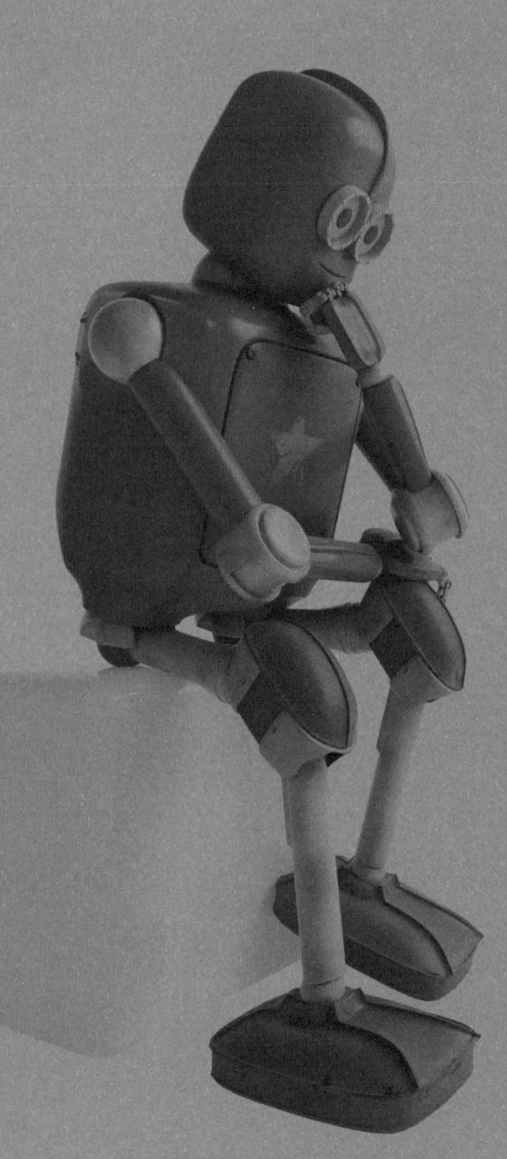

제4장

산업혁명의 시대

○●○

유럽대륙에서 프랑스대혁명이 일어나 정치적인 격변이 이루어지던 18세기 후반, 영국에서는 산업에서 큰 변화가 일어납니다. 바로 '산업혁명(the Industrial Revolution)'입니다. 영국은 유럽대륙으로부터 떨어져 있는 섬나라였고, 일찍부터 배를 만드는 조선업이 발달했던 나라입니다. 덕분에 해외 식민지를 많이 개척할 수 있었고 다른 나라에 비해 상공업 발전도 빨랐습니다.

세계 무역을 선도했던 나라였기에 자본을 더 많이 축적할 수 있었고 근대과학도 발달했으며, 산업 성장에 필수적인 석탄과 철 등의 자원도 풍부했습니다. 그러고 보면 영국은 산업혁명을 위해 충분한 조건, 이른바 골디락스 조건을 갖춘 나라였던 거죠.

○●○

산업혁명이란 무엇인가

산업혁명은 언제 시작되었고, 어떤 혁명일까요. 요즘 제4차 산업혁명을 많이 이야기하지만 중·고등학교 교과서에는 나오지 않습니다. 『교과서』에 나오는 것은 18세기 후반 영국에서 시작된 산업혁명밖에 없습니다. 금성출판사에서 나온 『세계사』 교과서(2010년 3쇄본)의 산업혁명 부분을 보면, 다음과 같이 설명되어 있습니다.

> "18세기 후반 영국에서는 공장제 기계 공업이라는 새로운 생산 방식이 출현하여 생산력이 비약적으로 증대되었다. 기계의 발명과 기술의 혁신으로 이 시기에 나타난 산업상의 급속한 변화를 산업혁명이라고 한다."

산업혁명은 산업 측면에서 거대한 변화가 일어났음을 의미하지만 18세기 후반부터 일어났던 생산방식의 거대한 변화를 가리키는 말이므로 고유명사로 사용되고 있습니다. 이번에는 『국어사전』을 한번 찾아보았습니다. 네이버에 검색해보면, 『표준국어대사전』의 '산업혁명' 정의는 다음과 같습니다.

> "18세기 후반부터 약 100년 동안 유럽에서 일어난 생산 기술과 그에 따른 조직의 큰 변화. 영국에서 일어난 방적 기계의 개량이 발단이 되어 1760~1840년에 유럽 여러 나라에서 계속 일어났다. 수공업적 작업장이 기계 설비에 의한 큰 공장으로 전환되었는데, 이로 인하여 자본주의 경제가 확립되었다."

산업혁명에서 '혁명'이라는 단어를 사용한 것은 점진적인 변화나 개혁, 발전과는 질적으로 다르다고 생각했기 때문일 것입니다. 첨단기술 하나가 발명되어 사회를 크게 변화시킨다고 해서 혁명이라고 부르지는 않습니다. 혁명의 사전적 정의는 '헌법의 범위를 벗어나 국가 기초, 사회 제도, 경제 제도, 조직 따위를 근본적으로 고치는 일' 또는 '이전의 관습이나 제도, 방식 따위를 단번에 깨뜨리고 질적으로 새로운 것을 급격하게 세우는 일'입니다.

영국 산업화의 과정에서 가장 먼저 변화가 일어난 것은 목화솜에서 실을 뽑아 천을 짜는 면직물 산업이었습니다. 실을 뽑는 것은 '방적(spinning)'이고 실을 뽑아 천을 짜는 것은 '방직(weaving)'이라고

● 영국 산업화에서 가장 먼저 일어난 변화는 면직물 산업이다.

합니다. 천을 짜는 기계, 즉 방직기는 우리말로 베틀이라고 합니다. 산업혁명은 방적과 방직의 기계화로부터 시작됩니다. 1733년 영국의 존 케이는 천을 짜는 속도가 두 배로 빠른 자동 방직기를 발명했고, 1769년에는 발명가 아크라이트가 물의 힘으로 움직이는 '수력방적기'를 발명했습니다. 기계기술자이던 제임스 와트는 대장장이 뉴커먼이 만든 펌프인 뉴커먼 기관의 약점을 보완해 증기기관을 만들었고 1769년에 특허를 냈습니다. 1769년을 산업혁명의 기점으로 잡는 것은 제임스 와트의 증기기관 발명 때문입니다. 1775년에는 와트가 '볼턴 앤드 와트사'를 설립해 증기기관 정식생산을 시작합니다. 1785년에는 카트라이트가 동력을 사용해 천을 짤 수 있는 이른바 역직기를 발명해 방직기의 기계화를 주도합니다. 와트가 발명한 증기기관이 방직공장에 도입돼 실제로 증기기관과 방직기가 결합된 것은 프랑스대혁명이 일어난 해인 1789년이었습니다. 이렇게 산업혁명의 핵심기술들은 대부분 18세기 후반 무렵에 나타났습니다.

산업혁명은 사회역사적으로 어떤 의미를 갖고 있을까요. 우선, 인간의 노동 대신 기계로 생산을 할 수 있게 되었다는 점이 중요합니다. 두 번째는 증기와 같은 새로운 동력원을 사용해 생산성이 획기적으로 높아졌다는 점입니다. 면직물 산업에서 기계와 증기기관이 사용되면서 시작된 변화는 산업 전반에 걸쳐 확산되었습니다. 그 과정에서 기계공업과 제철업, 석탄 산업 등이 함께 발달하게 됩니다. 도로, 운하, 철도 등 교통수단도 획기적으로 발전합니다. 교통수단은 원료와 제품, 동력원인 석탄과 철광석 등을 수송하는 역할을 담당했습니다. 또한 새로운 도로포장법이 개발돼 도로망이 조성되고, 운하가 건설되기 시작했습니다. 철도의 경우는 처음에는 탄광 내에서만 사용되다가 점점 광산과 공업지역을 잇는 교통수단으로 자리 잡게 됩니다.

산업혁명의 결과, 영국에서는 가내 수공업 대신 공장제 기계공업이 발달하게 되었고, 영국은 세계 산업의 중심지가 됩니다. 이른바 '세계의 공장'이라 불리게 되죠. 도시에는 공장들이 우후죽순처럼 생겨났고, 농촌에서 농사짓던 농민들은 일자리를 찾아 도시로 이주해 공장노동자가 됩니다. 대규모 '이촌향도' 현상이 나타나 농촌인구가 도시로 이동하면서 도시화가 시작됩니다. 영국에서 시작된 산업혁명은 다른 나라로도 빠르게 확산됩니다. 19세기 전반에는 벨기에와 프랑스에서, 19세기 중엽에는 미국과 독일에서 산업혁명이 일어납니다. 후발 자본주의 국가인 러시아와 일본은 19세기 말에야 뒤늦게 산업혁명의 대열에 합류합니다.

산업혁명을 거치면서 영국은 세계의 공장이 되었고 세계 최강국으로 떠오릅니다. 산업혁명이 일어나던 시기, 영국은 전 세계 육지면적의 0.2퍼센트에 인구 2,000만 명의 섬나라에 지나지 않았습니다. 당시는 철강 생산이 중요했는데, 1780년까지만 하더라도 영국은 프랑스보다 가난했고 철강 생산량도 프랑스에게 뒤처져 있었습니다. 하지만 산업혁명을 거치면서 1848년이 되면 영국의 철강생산량

● 산업혁명을 거치며 영국은 최강국으로 부상하였다.

은 전 세계 철강 생산량의 절반 이상을 차지하게 됩니다.

영국은 산업구조 면에서도 큰 변화를 겪게 됩니다. 산업혁명 이전이던 1700년경 영국의 국민총생산 구조를 보면 농업이 40퍼센트, 공업은 약 20퍼센트였습니다. 하지만 1841년에는 농업이 26.1퍼센트, 공업은 31.9퍼센트로 역전됩니다. 산업혁명은 농업 중심의 봉건사회를 제조업, 공업 중심의 산업사회로 바꾸어놓았습니다. 산업혁명을 영어로는 'the Industrial Revolution'이라고 하는데, 이때 'Industry'는 산업, 공업, 제조업 등의 의미를 갖고 있습니다. 따라서 산업혁명은 제조업혁명 또는 공업혁명이라고도 할 수 있습니다. 실제 우리나라에서는 '제4차 산업혁명'이라고 부르고 있지만 중국에서는 이를 '제4차 공업혁명'이라고 번역합니다.

산업혁명의 전개과정[7]

산업혁명은 역사적으로 중요한 사건입니다. 지금 우리는 '제4차 산업혁명'을 이야기하고 있습니다. 2017년에 있었던 대통령선거에서 여러 후보들은 모두가 하나같이 제4차 산업혁명에 대비해야 한다고 주장하며 다양한 공약을 내놓았습니다. 대통령으로 당선된 더불어민주당의 문재인 후보는 2017년 5월 10일 대한민국 제19대 대통령으로 취임했습니다. 문재인 정부가 출범한 후 10월 11일에는 '대통령 직속 제4차 산업혁명위원회'가 공식 발족했습니다. 이제 제4차 산업혁명은 국가적으로 중요한 이슈가 되었습니다.

그런데 한번 생각해봅시다. 제4차 산업혁명을 말 뜻대로 풀이하면 네 번째의 산업혁명입니다. 그렇다면 제4차 산업혁명 이전에 제1차, 제2차, 제3차 산업혁명이 있었다는 이야기입니다. 18세기 영국에서 시작된 산업혁명은 그 가운데 제1차 산업혁명을 가리킵니다. 그러면 제2차, 제3차 산업혁명은 언제 있었던 걸까요.

7 송성수, 「역사에서 배우는 산업혁명론」(STEPI Insight Vol.207), 과학기술정책연구원, 2017년 보고서 내용을 참고하여 재정리함.

우리나라에서 '제4차 산업혁명' 이야기가 나온 것은 그리 오래전이 아닙니다. 2016년의 일입니다. 발단은 다보스 포럼이었습니다. 매년 1월에는 스위스의 휴양도시 다보스란 곳에서 '세계경제포럼(World Economic Forum)'이 열립니다. 세계경제포럼이 정식 명칭이지만 다보스에서 개최되기 때문에 보통은 '다보스 포럼'이라고 부릅니다. 세계경제포럼은 세계경제를 이끌어가는 지도자들이 한곳에 모여 현재 세계경제의 주요한 이슈와 미래 전망을 논의하는 자리입니다. 아무나 참여할 수 있는 공개적인 포럼이 아니고, 초청된 인사들만 참여하는 국제포럼입니다. 여기에는 세계은행, 국제통화기금 등 국제경제기구의 지도자, 각국의 재무장관, 경제장관, 글로벌 기업의 CEO나 이사 등 영향력 있는 지도자들이 대거 참여합니다. 그러니 해마다 이 포럼의 주제가 뭔지, 포럼에서 어떤 보고서가 발표되고 어떤 논의가 있었는지 등에 세계인의 관심이 집중될 수밖에 없습니다.

2016년 다보스 포럼의 주제는 '제4차 산업혁명의 이해'였습니다. 이 때문에 세계 각국은 글로벌 변화의 흐름으로 논의된 제4차 산업혁명에 관심을 가졌고, 정부 차원에서 제4차 산업혁명을 준비하기 시작했습니다. 다보스 포럼에서 제4차 산업혁명을 주제로 논의했다는 것은 제4차 산업혁명의 실체를 공식적으로 인정한 것이라고 해석할 수 있습니다.

세계경제포럼에서는 산업혁명의 역사적 변화를 정리해서 아예

혁명		연도	정보
	제1차	1784	증기, 물, 기계 생산 설비
	제2차	1870	전기 에너지 상용화, 대량생산
	제3차	1969	전자, IT, 자동생산
	제4차	?	사이버-물리적 시스템

[자료: WEF]

● 세계경제포럼이 제시한 산업혁명의 역사적 변화.

표로 제시했습니다. 이 표에 따르면 제1차 산업혁명은 1784년에 시작됐고 증기기관의 발명 등으로 인간노동이 기계로 대체되기 시작한 혁명입니다. 그리고 제2차 산업혁명은 1870년이 기점인데 전기 에너지의 상용화로 노동이 분화되고 대량생산이 시작되는 변화를 말합니다. 제3차 산업혁명은 우리가 흔히 '정보화혁명'이라고 부르는 변화를 가리킵니다. 컴퓨터와 인터넷의 출현으로 전자, IT산업이 발전하고 자동생산이 가능해진 것을 말합니다. 마지막으로 제4차 산업혁명이 시작된 시점은 물음표로 표시돼 있고, 사이버-물리적 시스템(CPS)을 그 특징으로 제시했습니다. 사이버-물리적 시스템이란 사이버 세계와 물리적 세계, 즉 온라인과 오프라인이 연결되는 것을 말합니다.

프랑스대혁명, 중국의 신해혁명, 일본의 메이지유신 등 역사적 사건이나 변화를 가리키는 용어는 고유명사로 사용됩니다. 프랑스대혁명은 프랑스에서 있었던 거대한 혁명이라는 의미가 아니라 1789년에 시작된 정치혁명을 말하고 신해혁명은 중국에서 1911년, 신해년(辛亥年)에 있었던 근대화혁명을 말합니다. 메이지유신은 일본에서 막부체제가 무너지고 왕정으로 복고하면서 서구에 문호를 개방해 일본 자본주의 형성의 기점이 된 1853~1877년의 변혁과정을 의미합니다. 이런 이름은 그 사건이나 변화가 이루어지고 있을 당시에 붙여지는 것이 아니고 역사를 정리하는 과정이나 한참 지난 이후에 붙여집니다. 역사는 한편으로는 기록의 학문이고 다른 한편으로는 해석의 학문입니다.

사건에 대한 기록이나 자료가 많으면 많을수록 그 사건을 더 객관적으로 정확하게 이해할 수 있습니다. 그리고 모든 역사적 사건은 어떤 관점을 갖고 해석을 합니다. 그것을 사관, 또는 역사관이라고 합니다. 역사를 바라보는 관점이라는 뜻입니다. 누구의 입장에서 사건을 바라보는가에 따라 사건에 대한 해석은 달라질 수 있습니다. 가령 일제 강점기에 침략의 원흉이었던 이토 히로부미를 저격해 죽인 안중근 의사를 예로 들겠습니다.

일본 제국주의에게 나라를 빼앗긴 조선의 독립운동가 안중근은 나라를 되찾기 위해 의병부대에 참여했고 목숨을 걸고 반일투쟁에 앞장섭니다. 1909년 9월 조선침략의 원흉이자 조선통감부 초대통감이었던 이토 히로부미가 만주에 온다는 소식을 듣고 안중근은 그를 암살할 것을 결심합니다. 1909년 10월 26일 새벽 안중근 의사는 하얼빈 역에서 러시아 병사들의 삼엄한 경비망을 뚫고 뛰어나가 권총으로 이토를 저격했고 이토는 그 자리에서 사망합니다. 안중근 의사는 체포돼 일본군에게 넘겨졌고, 재판에서 사형을 선고 받습니다. 결국 1910년 3월 26일 사형이 집행돼 안중근 의사는 뤼순감옥에서 죽음을 맞습니다. 우리는 그를 의사, 즉 의로운 지사라고 부르고, 그의 저격은 조선독립을 위한 애국적인 거사라고 해석합니다.

이것은 우리 민족의 관점입니다. 하지만 만약 일본의 관점에서 본다면 어떨까요. 일본 정치가를 암살한 안중근은 테러리스트이고, 암살 행위는 정치테러로 해석될 수 있습니다. 이렇게 누구의 관점에서 사건을 바라보느냐에 따라 사건의 해석이 달라질 수 있습니다. 특히 정치사건의 경우에는 관점과 해석이 매우 중요합니다. 그래서 역사적 사건에 대한 해석은 한참 시간이 흐른 후에 이루어지는 경우가 많습니다.

다시 산업혁명으로 돌아가겠습니다. 18세기 후반 산업혁명이 진행되고 있었을 때 그 변화를 당시 사람들이 산업혁명이라고 부르지는 않았습니다. 산업혁명이라는 용어는 그로부터 100년 후에야 처음 등장합니다. 아널드 토인비(Arnold Toynbee)라는 영국의 경제학자가 있습니다. 19세기 후반에 활동하던 경제학자이자 사회개혁가입니다. 『역사의 연구』라는 책으로 유명한 역사학자 아널드 토인비는 경제학자 아널드 A. 토인비의 조카입니다. 경제학자 토인비는 1884년에 『18세기 영국 산업혁명 강의』라는 제목의 책을 발간합니다. 이 책에서 18세기 후반의 역사적인 변화를 처음으로 산업혁명이라고 이름 붙였습니다. 이후 프랑스의 역사학자 폴 망투(Paul Mantoux)도 『18세기 산업혁명』이란 책을 냈는데, 여기에서 산업혁명이라는 용어를 사용합니다.

이제 제2차 산업혁명부터 산업혁명의 흐름과 내용을 살펴보기로 하겠습니다. 제2차 산업혁명이라는 용어는 영국의 사회학자 패트릭 게데스(Patrick Geddes) 경이 1910년에 발간한 『도시의 진화』에서 처음 사용했고, 1969년 미국의 경제사학자 데이비드 랜디스가 학술서에서 다시 언급하면서 본격적으로 사용되기 시작합니다. 제1차 산업혁명은 주로 영국의 산업화 과정을 중심으로 설명하고 있는 데 비해, 제2차 산업혁명은 독일이나 미국 등 후발자본주의 국가의 산업화 과정에 주목하고 있습니다. 1870년경부터 시작된 제2차 산업혁명에서는 백열등, 무선전신, 내연기관 등 새로운 기술이 나타나 전기, 자동차, 통신산업이 발전하게 됩니다.

에너지원의 측면에서 보면, 제1차 산업혁명의 주 에너지는 증기였고 제2차 산업혁명에서는 전기가 주 동력원으로 등장합니다. 1879년 발명왕 토머스 에디슨(Thomas Edison)은 백열등을 개발해 본격적인 전기의 시대를 열게 됩니다. 1900년경만 하더라도 증기가 많이 사용되었지만 1935년이 되면 증기의 사용비중은 15퍼센트, 전기는 75퍼센트를 넘어서게 됩니다. 전기에너지가 많이 사용되면서 냉장고·세탁기 등 가전제품의 사용도 늘어나게 되고, 전화·무선전신·라디오 등 전기를 사용하는 신기술이 속속 등장합니다.

기업경영에서는 '테일러주의'와 '포드주의라는 이른바 '과학적 관리기법'들이 등장합니다. 테일러주의는 노동자의 과업과 작업시간을 연구해 작업을 세분화한 것이고, 포드주의는 테일러주의를 계승해 작업라인을 구축한 것입니다. 미국의 자동차왕 헨리 포드는 1908년에 공장생산에 테일러주의를 도입해 포드차 모델 T를 대량으로 생산하는 조립라인을 구축합니다. 이것이 대량생산체제입니다. 대량생산은 제2차 산업혁명의 중요한 특징 가운데 하나입니다. 이후 바이엘, 제너럴 일렉트릭 등 제2차 산업혁명을 대표하는 대기업들이 속속 등장하게 됩니다.

산업혁명을 거치면서 과학기술은 빠르게 발전했고 물질적인 진보가 이루어집니다. 오늘날 우리가 사용하는 과학기술의 산물은 대부분 산업혁명 이후에 만들어진 것이라고 생각해도 무방합니다. 20세기 들면서 과학기술 발전은 가속도가 붙기 시작합니다. 아인슈타인의 상대성 이론과 하이젠베르크의 양자역학 등에 힘입어 원자력 시대가 열리고, 생명공학과 의학의 발달로 인간의 평균 수명이 늘어납니다.

1969년에는 두 개의 역사적인 사건이 있었습니다. 하나는 '아폴로 11호의 달 착륙 성공'으로 인류 역사상 최초로 인간이 달에 발을 내딛었던 사건입니다. 이로써 과학기술은 우주시대를 맞게 됩니다.

● 아폴로 11호의 달 착륙 성공으로 과학기술은 우주시대를 맞게 된다.

당시 달에 착륙한 우주인은 닐 암스트롱과 에드윈 올드린 주니어였습니다. 이전에는 망원경으로 천체를 관측하면서 우주의 신비를 연구했는데 이제는 우주선을 타고 직접 우주로 나가서 연구할 수 있는 시대가 시작된 것입니다. 두 번째는 인터넷의 시초라고 할 수 있는 '아르파넷 구축'입니다. 아르파넷은 1969년 미국 국방부의 고등연구계획국(ARPA)이 개발한 컴퓨터 네트워크입니다. 연구소와 대학교의 컴퓨터를 연결해 정보를 주고받았던 최초의 컴퓨터 통신망이라고 할 수 있습니다. 우주기술과 컴퓨터 통신은 과학기술의 새로운 국면을 예고하게 됩니다. 이런 변화는 제1차 산업혁명, 제2차 산업혁명 시기와는 질적으로 다릅니다. 진보적인 학자들 중에는 과학기술혁명(STR: Scientific and Technological Revolution)을 이야기하는 사람도 있었습니다. 이들은 16-17세기 과학혁명, 18세기 산업혁명 시기의 기술혁명에 이어 과학과 기술이 일체화된 과학기술혁명으로 혁신적인 변화가 이루어지고 있다고 주장했습니다. 다보스 포럼이 제시한 산업혁명의 구분에 따르면 제3차 산업혁명이 시작된 시점은 1969년이고, 전자공학과 정보기술의 발달로 자동화생산이 가능케 됐다고 설명하고 있습니다.

사회과학에서는 산업사회와는 다른 변화의 양상을 거론하면서 뭔가 새로운 사회가 태동하고 있다는 주장이 나옵니다. 1969년, 프랑스 사회학자 알랭 투렌(Alain Touraine)은 산업사회가 종말을 고하고 새로운 사회가 출현하고 있다는 주장을 담은 책 『포스트산업사회: 한 사회의 탄생』을 출간합니다. 그가 이야기한 포스트산업사회에서 '포스트(Post)'는 '이후의(after)'이라는 뜻이므로 산업사회가 끝난 이후의 사회, 즉 탈산업사회를 말합니다. 그는 역사는 농업사회, 상업사회, 산업사회를 거쳐 이제 포스트산업사회로 이행하고 있다고 주장했습니다.

미국의 사회학자 다니엘 벨(Daniel Bell)은 투렌의 논의를 리메이크해 1973년 『포스트산업사회의 도래』라는 책을 발표했습니다. 다니엘 벨은 포스트산업사회의 특징으로 몇 가지를 들었습니다. 첫째는 제조업, 공업 등 제2차 산업의 비중이 작아지는 반면 서비스업 등 제3차 산업의 비중이 커지고 있다는 것입니다. 두 번째는 노동자, 기술직의 비중보다 전문직, 연구직의 비중이 커지고 있다는 것입니다. 세 번째는 자본, 노동보다는 지식과 정보가 중요해지고 있다는 것입니다. 이런 특징을 가진 포스트산업사회를 정보사회, 지식정보사회, 지식기반사회 등으로 다르게 부르기도 합니다.

미래학자 앨빈 토플러는 이런 변화를 '제3의 물결'이라는 용어로 설명했습니다. 인류가 맞는 세 번째의 거대한 변화의 물결이라는 의미입니다. 토플러에 따르면 수렵채집사회에서 농경사회로 변화해 발전해온 약 1만 년 동안이 '제1의 물결'이고, 기계의 발명과 기술 발전으로 산업혁명이 일어나 산업사회로 변화해온 약 200년 동안은 '제2의 물결'입니다. 그리고 지금 인류사회가 맞고 있는 거대한 변화는 탈대량화, 지식기반 생산, 정보혁명 등의 특징을 보이는 '제3의 물결'이라는 것입니다.

투렌과 다니엘 벨이 이야기했던 포스트산업사회, 토플러가 말했던 제3의 물결은 서로 다른 이야기가 아닙니다. 이들은 모두 컴퓨터의 발전으로 인한 정보혁명에 주목했으며, 지식과 정보의 중요성을 강조합니다. 산업사회에서 물질·기계·기술·자본 등이 중요했다면, 포스트산업사회에서는 지식과 정보가 가치의 새로운 원천이 되고 있다는 것입니다. 세계경제포럼에서 말하는 제3차 산업혁명은 바로 이 정보혁명을 가리킵니다.

근대를 연 르네상스로부터 시작해 인간의 보편적 가치이념과 근대국가의 기틀을 다진 시민혁명, 기술혁신으로 생산력의 비약적인 증대를 가져온 산업혁명을 거치면서 세계는 근본적으로 변화해왔습니다. 그동안 인구는 기하급수적으로 증가해왔습니다. 1500년경 지구 인구는 5억 명 정도로 추산되지만 1900년경에는 16억 명으로 늘어났고 21세기에는 70억 명에 이르고 있습니다. 약 500년간 지구 인구는 14배 증가했습니다. 사회에는 여러 문제들이 있겠지만 가장 기본적인 것은 인구문제입니다. 인구가 늘어나면 식량을 확보하는 문제가 우선 발생하고 주거문제, 사회적 갈등, 일자리문제 등이 차례로 생겨나겠지요.

토마스 맬서스라는 영국의 경제학자는 인구 문제의 심각성을 경고해 줄지에 유명한 학자가 되었습니다. 원래 맬서스는 영국국교회, 즉 성공회의 목사로 일했습니다. 그는 32세 때인 1789년에 익명으로 「인구의 원리에 관한 소론」이라는 제목의 연구논문을 출간합니다. 이것이 그 유명한 맬서스의 「인구론」입니다. 「인구론」에 따르면 인간은 가급적 자손을 많이 번식하려는 경향이 있어 인구는 늘어날 수밖에 없는데 이를 방치하면 식량생산이 인구증가를 따라가지 못해 심각한 파국을 맞을 수 있다는 것입니다. 그는 대략 25년마다 인구가 두 배씩 증가하므로 2세기 뒤에는 인구와 생활물자 간의 비율이 256 대 9가 되고 3세기 뒤에는 4,096 대 13이 된다면서, 식량과 자원은 산술급수적으로 늘지만 인구는 기하급수적으로 늘어 인구증가를 막는 것이 중요하다고 주장했던 사람입니다.

물론 일리가 있는 말입니다. 하지만 그의 우려와 달리 식량생산과 자원 확보가 인구증가를 따라잡을 수 있을 만큼 과학기술이 충분히 발전했기에 인구문제는 심각한 지구적 문제가 되지는 않았습니다. 어쨌든 근대 이후 과학과 기술은 빠르게 발전했고, 인류는 크게 진보해왔습니다. 그 비결을 빅 히스토리의 창시자 데이비드 크리스천 교수는 다음의 세 가지로 설명합니다.[8]

첫째, 세계 권역 간의 장벽이 무너지고 글로벌 네트워크가 구축되고 다양성이 증가했다는 것입니다. 16세기에 포르투갈 배는 전 세계를 탐험하고 지리상의 대발견을 주도합니다. 이와 함께 식물, 동물, 관습과 함께 정보의 교류 확산이 이루어져 점점 글로벌 세계가 됩니다. 또한 교통과 통신의 발달 덕분에 시간과 공간의 제약을 뛰어넘어 교류하는 지구촌을 이루게 됩니다.

둘째, 통상과 시장의 중요성이 증대했다는 것입니다. 시장을 통해 교역이 이루어졌고 경쟁적인 시장에서 성공하기 위해서는 지속적인 혁신이 필요했습니다.

셋째, 새로운 에너지원으로 화석연료를 사용하기 시작했다는 것입니다. 화석연료(fossil fuel)란 옛날 지구상에 살았던 생물 잔해에 의해 생성된 에너지 자원을 말합니다. 석탄, 석유, 천연가스 등을 들

8 데이비드 크리스천·밥 베인, 조지형 옮김, 『빅 히스토리』, 해나무, 2013.

수 있습니다. 18세기에 석탄을 에너지원으로 이용해 증기기관을 개발했고, 19세기 말과 20세기 초에는 석유와 천연가스를 동력으로 이용하게 됨으로써 에너지의 효율성이 높아졌습니다.

과학기술이 고도로 발전한 지금, 인류는 다시 새로운 도전을 맞고 있습니다. 전문가들은 기존의 산업혁명과는 규모나 파급력 면에서 비교가 되지 않을 정도의 근본적인 변화를 예고하고 있습니다. 이른바 '제4차 산업혁명'입니다.

인클로저 운동과 러다이트 운동

16~18세기 영국에서 모직물 산업이 발달해 양털 값이 폭등하자 지주들이 수입을 늘리기 위해 농경지를 대규모의 방목목장으로 만들었던 것을 '인클로저 운동'이라고 합니다. 인클로저(enclosure)란 목장을 만들기 위해 울타리 치는 것을 말합니다. 말하자면 목축업에서 자본주의화가 일어난 것이라고 할 수 있습니다. 농사짓던 농민들은 농장이 목장으로 바뀌면서 일자리를 잃어 도시로 내몰리게 되는데, 이들은 대부분 산업혁명 과정에서 공장노동자가 되거나 도시의 하층 빈민으로 전락하게 됩니다.

이상적 국가를 그린 고전 『유토피아』의 작가 토마스 모어는 이런 현상을 일컬어 "전에는 사람이 양을 먹었지만 이제는 양이 사람을 잡아먹는다"고 비꼬아 말했습니다.

한편, 산업혁명으로 인해 공장에서 기계를 사용하게 되면서 공장노동자들이 대거 실업자가 되자 노동자들이 기계를 파괴하는 폭동을 일으킨 것은 '러다이트 운동'이라고 부릅니다. 일자리를 빼앗아 간 기계에 대한 노동자들의 분노가 표출된 것이죠.

1812년 영국의회는 기계를 파괴하는 노동자는 사형에 처할 수 있

● 인클로저란 목장을 만들기 위해 울타리 치는 것을 말한다.

다는 법안까지 제정했습니다. 인클로저 운동과 러다이트 운동은 산업혁명과 자본주의화 과정에서 급격한 변화로 인해 발생한 역사적인 사건들입니다.

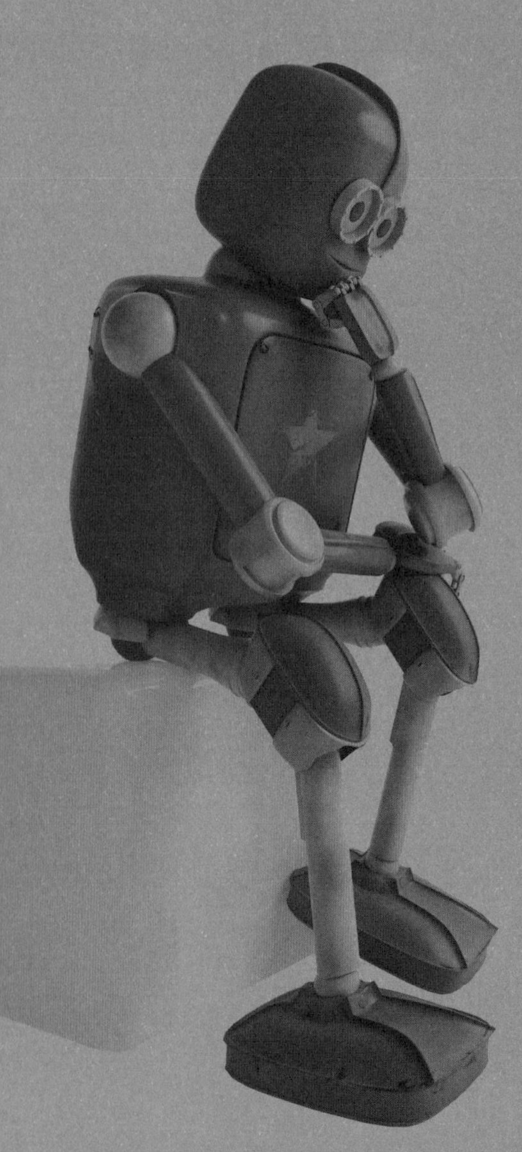

제5장

새로운 도전, 제4차 산업혁명

○●○

제1차 산업혁명은 증기기관 발명으로 사람의 노동을 기계가 대신하는 시대를 열었습니다. 제2차 산업혁명은 전기 에너지 상용화와 공장에서의 과학적인 관리를 통해 대량생산시대를 열었습니다. 그다음 제3차 산업혁명은 정보기술의 발전, 컴퓨터화로 자동화시대를 열었습니다. 그렇다면 제4차 산업혁명은 어떤 시대를 열게 될까요.

○●○

사이버-물리 시스템

앞서 다보스 포럼에 대해 이야기했습니다. 2016년부터 제4차 산업혁명이 시대적 화두가 되었는데, 그것은 그해 다보스 포럼의 주제가 '제4차 산업혁명의 이해'였기 때문입니다. 참고로 2017년의 주제는 '소통과 책임의 리더십'이었고, 2018년은 '분열된 세계에서 공유의 미래 만들기'가 주제였습니다. 다보스 포럼은 1971년에 창립되었는데, 창립자이자 현재 회장은 독일 태생의 유대인 클라우스 슈밥(Klaus Schwab)입니다. 그는 제4차 산업혁명론을 주창하면서 일약 세계적인 유명인사가 되었습니다. 얼마 전 우리나라를 방문해 국회에서 제4차 산업혁명이 가져올 변화에 대한 강연도 하고, 국회의원이나 사회지도층과 만나 미래변화에 대한 의견을 나누기도 했습니다.

슈밥 회장은 제4차 산업혁명을 CPS라는 새로운 개념으로 설명합니다. CPS는 'Cyber-Physical System'의 약자입니다. 우리말로 옮기면 사이버물리시스템입니다. 사이버 세상과 물리 세상이 서로 연계, 통합된다는 의미입니다. 사이버는 가상의 공간을 말하고, 물리 세상은 물리적으로 존재하는 공간을 가리킵니다. 컴퓨터 안의 온라인 공간이나 컴퓨터들이 서로 연결되는 네트워크망은 실재의 물질적인 세상이 아니라 가상공간입니다. 컴퓨터 프로그램을 통해 만들어진 것이죠. 그렇다고 존재하지 않는 허상이라거나 속임수라는 것은 아닙니다. 온라인 공간은 디지털을 기반으로 만들어진 공간일 뿐, 물리적 공간이 아니라는 것입니다. 하지만 사이버공간은 물리공간과 연결되어 있고 물리공간에도 영향을 주고 있습니다.

그렇다면 사이버공간과 물리공간이 연결되는 사이버물리시스템이란 게 뭘까요.

예를 들면 쉽게 이해할 수 있습니다. 가령, 스마트폰의 앱(App)을 통해 접속한 공간은 사이버공간입니다. 사이버공간의 앱에서 택시를 호출하면 물리공간에서 택시가 옵니다. 온라인 게시판, 온라인 쇼핑몰, 온라인 민원창구 등 인터넷에 접속해서 활동하는 공간도 모두 사이버공간입니다. 온라인 쇼핑몰에서 제품을 주문하면 물리공간인 집으로 택배가 옵니다. 온라인 민원창구에서 신청하면 우편물로 서류를 받아볼 수 있습니다. 이런 것이 사이버물리시스템입니다. 듣고 보니 별거 아니죠. 이미 CPS는 우리 생활 속에 들어와 있습니다. 제4차 산업혁명이 가속화되면 우리는 CPS와 함께 살아가게 됩니다. 사이버와 물리세계가 연결된다는 의미의 비슷한 용어로는 'O2O'가 있습니다. '오투오'라고 읽고, '온라인 투 오프라인(Online to Offline)'을 뜻합니다. 온라인에서 주문하면 오프라인에서 배송되어 도착하고, 온라인과 오프라인이 서로 연결된다는 것입니다.

스타벅스 매장에는 '사이렌 오더(siren order)', 이디야 커피에는 '스마트 오더'라는 서비스 시스템이 있습니다. 모바일 기술을 이용해 미리 주문을 한 후, 줄을 서지 않고 주문한 것을 찾을 수 있는 서비스입니다. 이런 것이 O2O입니다. 요즘은 학교 교육에서도 O2O 시스템을 많이 이용합니다. 온라인 학습과 오프라인 학습이 연계되는 것을 의미합니다. 온라인 공간에 학습콘텐츠나 동영상 강의 등을 올려놓으면 학생들이 집에서 학습을 하고, 오프라인 교실에 와서는 공부한 것을 복습하고 모르는 것을 물어보거나 함께 토론하는 방식을 말합니다.

CPS 또는 O2O는 공장 등 산업현장에서 많이 활용되고 있습니다. 원래 제4차 산업혁명이라는 개념이 처음 만들어진 나라는 독일입니다. 독일에서 디지털시대에 제조업 경쟁력을 강화하기 위해 만든 개념이 바로 '인더스트리 4.0(Industrie 4.0)'입니다. 전통적으로 독일은 제조업이 강한 나라입니다. 메르세데스 벤츠, 아우디, BMW 같은 명차들은 독일이 자랑하는 자동차 브랜드입니다. 세탁기, 청소기, 냉장고 등 생활가전 중에도 독일 제품은 성능과 품질이 좋기로 유명합니다. 밀레, 보슈, 지멘스, 브라운 등이 독일 브랜드죠. 독일은 자동차나 가전제품, 공구, 기계 등이 강한 제조업 강국입니다. 그런데 컴퓨터 및 디지털 산업이 발달하면서 전통적인 제조업에서도 뭔가 혁신적 변화가 필요했던 것입니다.

2010년부터 독일에서는 사물인터넷을 제조업에 적용해 완전 자동생산체계를 구축하는 산업정책을 추진하기 시작합니다. 이것이 '인더스트리 4.0'입니다. 그들은 증기기관 발명을 인더스터리 1.0이라 정의했고, 대량생산체제를 인더스트리 2.0, IT를 접목한 자동화는 인더스트리 3.0이라고 정의했습니다. 마지막으로 CPS를 적용한 생산시스템이 인더스트리 4.0입니다. 독일에서 처음 시작된 인더스트리 4.0을 세계경제포럼에서 가져다 쓴 개념이 바로 제4차 산업혁명입니다.

요즘 첨단시설을 갖춘 공장을 가보면 산업혁명 초기의 공장과는 완전히 다른 모습일 겁니다. 얼마 전 제주도의 한 공장에서 실습하던 특성화고 학생이 기계에 끼어 사망하는 안타까운 사고가 발생했는데, 이런 재래식 공장은 제4차 산업혁명 시대의 공장 모습이 아닙니다. 사물인터넷 기술이 공장에 적용되면 모든 사물이 인터넷을 기반으로 연결됩니다. 공장의 기계에는 센서가 부착되고 실시간으로 현재 작동상태 등 데이터나 정보를 주고받을 수 있게 됩니다. 그렇게 되면 중앙통제실에 가만히 앉아 모니터만 봐도 공장 전체의 기계가 작동되는 상태를 알 수 있고 통제할 수도 있습니다. 옛날에는 수시로 현장을 돌면서 기계가 잘 돌아가고 있는지 점검하고 문제가 있으면 엔지니어가 직접 가서 고쳐야 했습니다.

하지만 제4차 산업혁명시대에는 공장의 모든 기계 상태를 중앙 컴퓨터 화면에서 한눈에 볼 수 있습니다. 만약 문제가 생기거나 오작동이 이루어지면 센서로 감지해 데이터를 실시간으로 알려줍니다. 컴퓨터 화면을 통해 몇 번 기계의 어느 부분이 오작동인지를 바로 알 수 있고, 시스템을 점검할 수 있습니다. 이런 것이 공장 현장에 CPS가 적용된 모습입니다. 이렇게 첨단지능형 시스템을 갖춘 공장을 '스마트 팩토리(smart factory)'라고 합니다.

알파고 쇼크

2016년 3월 9일. 이날은 역사적으로 중요한 날입니다. 인간 바둑 천재 이세돌 9단과 구글의 자회사 딥마인드가 개발한 인공지능 알파고(AlphaGo)가 첫 번째 대국을 펼친 날입니다. 이날은 인간만의 영역이라고 생각했던 바둑 게임에서 인공지능이 인간 최고 고수를 꺾어 사람들에게 엄청난 충격과 두려움을 안겨준 날입니다.

대국이 있기 전, 대부분의 전문가들은 이세돌이 알파고를 가볍게 제압하리라고 예측했습니다. 가령, 대국 직전에 나온 소프트웨어정책연구소의 「이슈레포트」를 보면, "알파고는 인공지능 딥러닝 기술의 성능을 보여준 또 하나의 실증 사례이며, 바둑은 아직도 컴퓨터가 사람을 이기기 어려울 것으로 예상하고 있었으나 매우 가까워졌다"고 전망하고 있습니다.[9] 이세돌 자신도 언론과 했던 인터뷰에서 4 대 1 또는 5 대 0으로 이길 것이라고 예측했습니다. 하지만 이런 예측과 달리 승자는 알파고였습니다. 세계인의 이목이 집중된 가운데 인공지능은 보란 듯이 이세돌 9단을 꺾어 가공할 위력을 보여주었습니다. 이 세기의 대결을 공동주최한 것은 한국기원이었습니다.

당시 한국기원의 총재 홍석현은 현장 인터뷰에서 "우주에서 일어난 가장 큰 사건으로는 첫 번째가 빅뱅이고, 두 번째는 생명의 탄생이며, 세 번째는 인공지능의 탄생"이라면서 인공지능의 역사적 의의를 설명했습니다. 빅뱅이나 생명의 탄생에 견줄 만큼 인공지능의 탄생을 엄청난 사건이라고 본 것입니다. 그도 그럴 것이 알파고 쇼크는 예상 이상으로 컸습니다.

알파고를 개발한 딥마인드(Deep Mind)는 원래 영국의 게임 개발사였습니다. 딥마인드의 CEO 데미스 허사비스는 13세 때 체스 마스터 등급에 올랐고 14세 이하 부문 세계 랭킹 2위 기록을 보유하고 있는 그야말로 게임 천재였습니다. 17세 때는 '테마파크'라는 게임을 개발해 대박을 쳤습니다. 이후 그는 명문 케임브리지대에서 컴퓨터공학을 공부하고 유니버시티칼리지 런던대 대학원에서 인지과학

9 SPRI Issue Report 「AlphaGo의 인공지능」, 소프트웨어정책연구소, 2016년 2월, 13쪽.

을 전공해 박사학위를 받았습니다. 2011년 그는 인공지능 연구를 전문으로 하는 딥마인드라는 회사를 창업했습니다. 이 회사는 2014년에 인공지능 개발에 관심을 가진 구글에게 전격 인수되었습니다. 구글의 자회사가 된 거죠. 딥마인드에는 200여 명의 프로그램 개발자가 있습니다. 알파고 프로그램은 바둑고수들의 실제 대국 데이터를 입력하고 이를 기반으로 알고리즘을 짜서 만들었다고 합니다.

알파고는 수십만 개의 기보(바둑을 둔 기록)를 학습하면서 인간 바둑고수들의 수에서 패턴을 찾아낸 뒤 스스로 대국을 두면서 학습하는 강화학습을 통해 바둑을 터득했습니다. 알파고와 이세돌의 대국은 2016년 3월 9일, 10일, 12일, 13일, 15일 등 총 다섯 번에 걸쳐 진행됐습니다. 첫 판부터 이세돌은 알파고에게 패했습니다. 그리하여 엄청난 충격에 빠졌습니다. 사람들의 충격도 충격이겠지만 가장 당황한 것은 이세돌 자신이었을 겁니다.

세 판을 내리 패한 이세돌은 절망에 빠졌습니다. 하지만 심기일전해 결국 제4국에서 극적으로 180수 불계승으로 승리했습니다. 이세돌이 3연패를 하자 사람들은 충격에 휩싸였다가 제4국에서 승리하자 환호했습니다. 알파고를 만든 것도 결국은 인간인데, 이세돌이 알파고를 이긴 것이 이렇게까지 인간에게 큰 위안과 기쁨을 안겨주었던 겁니다. 자신감을 얻은 이세돌은 결전의 의지를 다지며 제5국에 나섰지만 결국 알파고의 벽을 넘지는 못했습니다. 최종 성적표는 1승 4패였고, 알파고가 우승했습니다.

사실 이세돌과 격돌하기 이전 2015년에 알파고는 중국 출신의 유럽 바둑챔피언 판 후이 2단과 대국을 해 5전 전승을 기록한 바 있습니다. 하지만 판 후이는 바둑 2단이고 유럽의 바둑수준은 한국, 중국, 일본에 크게 못 미치기 때문에 이를 심각하게 받아들이지는 않았던 것입니다. 판 후이 2단은 이세돌-알파고 대국에 규칙심사위원으로 참석했습니다. 제4국에서 이세돌이 알파고를 이기자 판 후이는 이세돌에게 엄지손가락을 치켜 올리며 축하를 해주기도 했습니다.

세계인이 지켜보는 가운데 인공지능 알파고는 자신의 실력을 유감없이 발휘했고, 이세돌 역시 최선을 다했지만 실력 차이는 확연하게 드러나고 말았습니다. 이세돌이 승리한 제4국에서는 절묘한 한 수 때문에 알파고가 오작용을 일으켰고 팝업으로 '알파고 포기(AlphaGo Resigns)' 표시가 뜨면서 기권을 했습니다. 알파고를 당황하게 만든 이세돌의 78수는 '신의 한 수'라고 불립니다. 대회가 끝난 후 이세돌의 신의 한 수를 표시한 기보를 디자인해 만든 넥타이를 딥마인드 대표단에게 기념품으로 선물했다고 합니다. 비매품인 이 넥타이의 이름은 '신의 한 수 넥타이'입니다.

알파크 쇼크로 사람들은 갑자기 인공지능에 지대한 관심을 보이기 시작했습니다. 한편 인공지능에 대한 두려움을 표명하는 사람들도 적지 않았습니다. 정부는 이 사건 후 인공지능 개발에 막대한 예산을 투자해 지원하겠다고 발표했습니다.

2016년 7월에는 인공지능과 관련된 연구개발을 전문적으로 수행하기 위한 '지능정보기술연구원'이라는 연구기관이 설립되었습니다. 삼성전자, LG전자, SK텔레콤, KT, 네이버, 현대자동차, 한화생명 등 일곱 개 대기업이 각각 30억 원을 출자해, 총 210억 원 예산으로 우리나라 최초의 인공지능전문연구소가 설립된 것입니다. 현재 이 연구소는 성남시 분당구의 글로벌 R&D센터 연구동에 위치해 있습니다.

인공지능이 준 충격은 이세돌-알파고 대국에서 끝나지 않습니다. 이듬해 2017년 5월에 다시 한 번 인간 바둑고수와 알파고의 대결이 펼쳐집니다. 세계 바둑랭킹 1위인 중국의 커제와 업그레이드된 버전의 알파고 간의 대국입니다. 1997년생의 커제는 자타가 공인하는

● 알파고는 세계 바둑랭킹 1위를 가뿐히 꺾었다.

세계 최고의 바둑 고수였기에 자신만만했습니다. 그는 자신이 알파고를 물리칠 거라고 공언했습니다.

하지만 그것은 마음뿐이었습니다. 커제의 공언과 달리, 그는 알파고에게 무참히 패했습니다. 커제와 알파고의 첫 번째 대결은 5월 23일 중국 저장성 우전에서 벌어졌고 알파고가 이겼습니다. 5월 25일의 제2국, 27일의 제3국에서도 알파고는 커제를 가볍게 제압했습니다. 3연패를 당한 커제는 결국 눈물을 흘렸고, 기자회견에서 "알파고가 지나치게 냉정해 그와 바둑을 두는 것은 고통스럽다"고 말했습니다.

사실 이세돌과 격돌한 알파고와 커제와 대결한 알파고는 같은 버전이 아닙니다. 이세돌과 격돌한 알파고는 이세돌의 성을 따서 '알파고-리(AlphGo-Lee)'라 부르고, 커제와 대결한 알파고는 커제가 세계 랭킹 1위이므로 '알파고-마스터(AlphGo-Master)'라고 부릅니다. 어쨌든 1년의 시차를 두고 있기에, 알파고-마스터는 훨씬 업그레이드된 버전입니다. 그만큼 커제가 알파고를 이기기는 어려웠다는 이야기입니다.

인공지능 알파고의 강점은 자가학습능력, 즉 스스로 학습할 수 있는 능력을 갖고 있다는 것입니다. 사람처럼 학습능력을 갖고 있을 뿐만 아니라 사람보다 학습속도나 능력이 훨씬 뛰어나기 때문에 인공지능이 인간의 지능을 넘어서는 것은 단지 시간문제일 뿐이었습니다.

인공지능 알파고는 인간 바둑 고수들과 총 69번의 대국을 치렀고 총 전적은 68승 1패입니다. 유일한 1패가 이세돌에게 패한 대국입니다. 그렇다면 이세돌은 70억이 넘는 지구 인구 중 유일하게 알파고를 이긴 인간인 셈입니다. 커제와의 대국이 끝난 후 알파고를 개발한 딥마인드의 대표 데미스 허사비스는 기자회견을 열고 얄밉게도 알파고의 바둑계 은퇴를 선언합니다. 그러고는 "앞으로 바둑용 인공지능이 아니라 과학, 의학 등 범용 인공지능으로 개발해 인류가 새로운 지식영역을 개척하고 진리를 발견하도록 하겠다"고 말했습니다.

알파고가 은퇴한 이상, 앞으로 인간 고수와 인공지능 간의 바둑 대결 이벤트는 더 이상 보기 힘들 것입니다. 원래 알파고는 바둑에 특화된 인공지능으로 개발되었지만 앞으로 범용으로 개발된다면 금융이나 의료, 서비스 등 우리 일상의 다양한 부문에서 사용될 수 있을 겁니다.

인공지능의 상용화는 먼 미래의 이야기가 아닙니다. 이미 사물인터넷과 함께 인공지능 스피커는 가정에 많이 보급되어 있습니다. 스마트폰에도 인공지능이 장착돼 있습니다. 아이폰의 '시리(siri)'도 인공지능입니다. 시리뿐만 아니라 최신 스마트폰에는 모두 인공지능이 장착돼 있습니다. "누구누구에게 메일을 보내줘, 오늘의 날씨를 알려줘, 최신 인기가요를 찾아 들려줘." 등의 말을 척척 알아듣고 그대로 실행해주는 것이 바로 인공지능입니다. 인공지능이 더 발달하게 되면 인간의 고유한 영역이라고 생각해왔던 지적 활동이나 창의성까지 인공지능이 대신하게 될지도 모른다는 위기감을 느끼는 사람들이 많아지고 있습니다.

딥블루에서 알파고까지

인공지능은 최근에 갑자기 만들어진 발명품이 아닙니다. 역사적으로 보면, 연산을 기계적으로 수행하는 계산기는 복잡한 연산과 데이터 처리를 할 수 있는 컴퓨터로 발전했습니다. 그다음에 컴퓨터 프로그램이 고도화되면서 인간의 뇌를 모방해 개발된 프로그램이 인공지능입니다.

'생각하는 기계'라는 개념이 나온 건 1930~1940년대였고 1956년 다트머스 학술회의에서 존 매카시를 비롯한 연구자들이 인공지능이라는 용어를 처음 이야기했습니다. 당시에는 인공지능 연구에 대한 기대감이 매우 컸습니다. 하지만 실제 기술 수준이 미치지 못해 연구가 제대로 진행되지는 않았습니다. 인공지능이 다시 사람들의 주목을 끈 것은 인공지능과 인간의 대결 이벤트 때문입니다. 인공지능과 인간의 대결은 알파고가 처음이 아닙니다. 인공지능과 인간 간의 역사적인 대결은 모두 세 차례 있었습니다.

첫 번째는 체스 대결이었습니다. 인간 체스 챔피언과 인공지능의 대결이었죠. 컴퓨터 회사 IBM은 1989년부터 인공지능 체스 프로그램을 개발하기 시작했습니다. 체스는 말을 움직여 상대방의 왕을 잡으면 이기는 게임입니다. 말하자면 서양 장기라고 할 수 있습니다. 예순 네 개의 칸 위에서 여섯 종류의 말을 움직이는 경우의 수는 10의 120제곱입니다. 엄청난 경우의 수를 갖고 있어서 체스는 고도의 직관력과 창의력이 필요한 게임입니다. 1996년 IBM의 인공지능 딥블루(Deep Blue)는 당시 체스 세계 챔피언이던 러시아의 가리 카스파로프(Garry Kasparov)에게 도전장을 내밀었습니다.

하지만 아이큐가 194나 되는 것으로 알려진 체스 천재 가리 카스파로프를 이기지는 못했습니다. 체스 세계 챔피언이 인공지능을 이겼다는 소식에 사람들은 그저 당연한 결과로 받아들였습니다. 하지만 프로그램을 업그레이드한 딥블루는 이듬해 1997년 다시 인간챔피언에게 도전을 합니다. 그런데 이번에는 딥블루가 카스파로프를 2승 3무 1패의 전적으로 물리쳤습니다. 이 사건은 참으로 큰 충격을 안겨주었습니다.

두 번째 대결은 퀴즈 대결이었습니다. IBM의 인공지능은 이번에는 종목을 바꿔 퀴즈에 도전합니다. 2011년 슈퍼컴퓨터 '왓슨'은 미국의 인기 퀴즈쇼 '제퍼디(Jeopardy)'에 출연해 인간 퀴즈 챔피언과 대결을 펼칩니다. 제퍼디는 미국 ABC 방송사의 퀴즈 프로그램입니다. 거액의 상금이 걸려 있고 4~5분 동안 15문제 정도를 푸는 방식으로 빠르게 진행되며 출제되는 문제가 기발해 미국인이 열광하는 인기 프로그램입니다.

2011년 2월 4일 인공지능 왓슨은 제퍼디 역사상 최고의 성적을 거둔 두 명의 퀴즈 챔피언과 대결합니다. 한 명은 2004~2005년 시즌에 74경기를 연속으로 우승해 최다 연속 우승기록을 세운 퀴즈 챔피언 켄 제닝스였고, 다른 한 명은 2001년부터 2005년까지 우승자 토너먼트에서 네 번 우승해 325만 5,000달러(2018년 환율로 약 35억 원)의 상금을 획득해 누적 상금 최고기록을 세운 브래드 러터였습니다.

결과는 어떻게 되었을까요. 인공지능 왓슨과 두 명의 인간 퀴즈 챔피언이 벌인 퀴즈 대결에서 왓슨은 7만 7,147달러를 획득했고, 켄 제닝스는 2만 4,000달러, 브래드 러터는 2만 1,600달러를 각각 획득했습니다. 왓슨의 압도적인 승리였습니다. 왓슨이 딴 상금은 인간 퀴즈 챔피언 두 명이 딴 상금의 합보다도 훨씬 많았습니다. 결국 어떤 퀴즈 문제가 주어졌을 때 인간 천재가 생각하는 속도보다 왓슨이 검색하고 판단해 버저를 누르는 속도가 훨씬 빨랐다는 이야기입니다. 체스에 이어 퀴즈에서도 인공지능은 인간을 압도했습니다.

다음 세 번째는 바둑 대결이었습니다. 앞서 살펴본 바와 같이 알파고와 인간 고수 간의 대결입니다. 바둑은 가로, 세로 열아홉 줄의 반상에서 이루어지는 게임입니다. 경우의 수가 10의 170제곱이나 되므로 거의 무한대에 가깝습니다. 체스보다도 경우의 수가 훨씬 많아서 엄청난 창의성이 요구됩니다. 하지만 이번에도 인공지능은 인간 고수를 차례로 격파하고 말았습니다. 유럽 바둑 챔피언 판 후이, 한국의 바둑 최고수 이세돌 9단, 세계 바둑 랭킹 1위 커제는 차례로 알파고 앞에 무릎을 꿇었습니다. 이렇게 되자 사람들은 인공지능이 인간의 지능을 넘어서기 시작했다며 우려하기 시작했습니다.

실제 과학자들 중에서는 인공지능의 위험성에 대해 경고하는 사람이 적지 않습니다. 유명한 물리학자 스티븐 호킹(Stephen Hawking) 박사도 그중 한 명입니다. 호킹 박사는 루게릭병에도 불구하고 블랙홀 연구 등에서 뛰어난 업적을 남긴 세계적인 이론물리학자입니다. 그는 "인공지능은 인류의 멸망을 초래할 수도 있다"고 경고했습니다. 또한 영화 〈아이언맨〉의 실제 모델로 알려진 테슬라모터스의 CEO 일론 머스크(Elon Musk)도 "인공지능은 핵폭탄보다 위험하다"고 말했습니다.

반면 인공지능 연구에 엄청난 돈을 투자하고 있는 페이스북의 창업자 마크 저크버그는 인공지능에 대해 낙관적입니다. 그는 인공지능을 잘 활용하면 장점이 많다고 말합니다. 어쨌든 인간이 만들었지만 인간의 통제를 벗어날 수도 있는 존재가 바로 인공지능입니다.

약한 인공지능과 강한 인공지능

인공지능을 『사전』에서 찾아보면 '인간의 지능이 가지는 학습, 추리, 적응, 논증 따위의 기능을 갖춘 컴퓨터 시스템'이라고 되어 있습니다. 컴퓨터 프로그램으로 인간의 지적능력을 실현한 기술을 말합니다. 여담이지만 인공지능을 보통 '에이아이(AI: Artificial Intelligence)'라고 하는데, 조류독감도 똑같이 '에이아이(AI: Avian Influenza)'라고 합니다. 둘을 잘 구분해서 써야겠습니다.

인공지능을 분류하면 크게 '약한 인공지능(Weak AI)'과 '강한 인공지능(Strong AI)'으로 나눌 수 있습니다. 여기서 '약하다, 강하다'라고 하는 것은 인공지능의 기술적·기능적인 수준을 가리킵니다. 약한 인공지능은 사람처럼 사고할 수 있는 정도의 인공지능을 말합니다. 사람의 음성을 인식하고 사람의 언어를 이해하고 주어진 문제를 풀 수 있는 수준입니다.

이것보다 훨씬 더 발전된 것이 강한 인공지능인데, 인간처럼 생각하고 행동하는 시스템입니다. 어떤 복잡한 문제가 주어져도 종합적으로 분석하고 이성적으로 판단해서 행동하는 수준에까지 이른 인공지능입니다. 인간보다 판단력, 분석력, 지적능력, 학습능력 등 모든 면에서 더 뛰어난 수준이죠. 예를 들어 설명하겠습니다.

가령 인공지능을 장착한 로봇이 길을 걸어가고 있는데 길 앞에 맨홀 뚜껑이 열려 있다고 가정해봅시다. 약한 인공지능과 강한 인공

● 인공지능을 보통 'AI: Artificial Intelligence'라고 한다.

지능은 각각 어떻게 대응할까요. 만약 약한 인공지능이라면 맨홀 뚜껑이 열려 있음을 인지해 이를 위험요인으로 분석하고 열려 있는 맨홀 뚜껑을 피해서 가던 길을 갈 것입니다. 하지만 강한 인공지능이라면 좀 다르게 대응합니다. 맨홀 뚜껑이 열린 것을 인지한 후 어떻게 하는 것이 가장 적절한 조치인가를 판단할 것입니다. 맨홀 뚜껑이 계속 열려 있으면 지나가는 다른 행인들에게도 위험할 수 있다고 판단하고 맨홀 뚜껑을 덮어서 안전한 상태로 만들어놓고 가던 길을 가게 됩니다. 인간과 마찬가지로 사회적인 관점에서도 이성적인 판단을 할 수 있는 것이죠.

인공지능 기술은 현재 어느 정도 수준에까지 와 있을까요. IBM의 인공지능 왓슨은 암 연구(온콜로지) 의료용으로 개발되었는데 세계 각국의 대형병원에서 도입하고 있습니다. 우리나라에서는 2016년 12월부터 가천대 길병원, 부산대병원, 대구가톨릭대병원 등에서 도입돼 의사들이 암 진단에 참고하고 있다고 합니다. 영국에서는 2017년에 인공지능을 탑재한 가정용 로봇 셰프를 개발했습니다. 요리대회에서 우승한 셰프의 레시피를 입력해 2,000가지 요리를 할 수 있는 인공지능 로봇 셰프입니다.

일본에서는 2017년 와가야마현의 라디오방송에서 인공지능 아나운서 나나코가 심야시간 대의 일기예보 방송을 시작했습니다. 또한 TBS라디오는 인공지능에게 선곡을 맡기고 진행자와 인공지능이 대화를 나누는 코너를 신설했다고 합니다. 중국에서는 2017년 인공지능 로봇이 의사시험에 합격해 화제가 되었습니다. 중국 기업 아이플라이테크와 중국 최고 명문대 칭화대 연구팀이 공동개발한 인공지능 로봇 '샤오이'는 200만 건의 의료기록, 40만 건의 논문을 학습해 결국 2017년 8월 국가 의사자격시험에 합격했습니다. 실제 의료현장 투입을 앞두고 준비 중이라고 합니다.

2018년 2월 우리나라에서 개최된 평창동계올림픽에서도 인공지능이 등장했습니다. 평창올림픽의 주관 뉴스통신사인 연합뉴스는 올림픽 개막과 함께 기사를 자동으로 작성하는 인공지능 '올림픽봇'을 가동해 전 종목에 걸쳐 경기 결과를 기사로 작성했습니다. 올림픽봇은 말하자면 인공지능 로봇기자입니다. 경기가 종료된 후 올림

● 인공지능 왓슨은 암 연구 의료용으로 개발되었다.

픽봇이 기사 작성을 시작해 웹사이트에 게재하기까지 걸리는 시간은 불과 1~2초에 불과합니다. 당시 '안경선배' '국민영미'에 열광하면서 컬링 경기 결과를 바로 웹사이트에서 기사로 확인할 수 있었던 것도 인공지능 올림픽봇 덕분이었죠. 이렇게 인공지능 기술은 빠르게 발전하고 있고 실생활의 많은 부분에서 사용되고 있습니다.

인공지능이 인간과 다름없는 판단력까지 갖추게 된다면 인간과 인공지능 간의 경계가 무너지게 됩니다. 인간이 할 수 있는 일은 대부분 인공지능이 할 수 있고, 심지어 인간보다도 더 정확하고 신속하게 판단하고 행동할 수 있을 거라는 이야기입니다. 사람들이 우려하는 지점이 바로 이 부분이죠. 만약 그렇게 된다면 인공지능 로봇은 어렵지 않게 인간의 일자리를 차지하게 될 거고, 대량 실직 사태가 일어날지도 모릅니다. 공장이나 직장에서는 사람 대신 인공지능 로봇이 일하고, 일자리를 빼앗긴 인간은 일자리를 찾아 헤매게 되는 거죠. 사람은 인공지능보다 잘할 수 있는 일이 그리 많지 않아 일자리를 찾는 게 쉽지 않을 것입니다. 실업문제는 심각한 사회문제가 될 수 있습니다. 어쩌면 더 심각한 문제가 나타날 수 있습니다.

가령 SF 영화에서나 나오는 이야기처럼 인공지능 로봇이 인간 위에 군림해 세상의 지배자가 될 수도 있지 않을까요. 영화 〈터미네이터〉를 보면, 사람보다 지능이 뛰어나고 전투로봇처럼 더 무시무시한 힘을 가진 '강한 인공지능 로봇'이, 로봇을 통제하려는 인간을 공격하고 세계를 지배하려고 합니다. 물론 순전히 상상일 뿐입니다. 먼 미래의 언젠가는 가능할지도 모르겠지만, 지금의 기술 수준에 비추어보면 강한 인공지능이 개발되고 로봇이 인간처럼 활동하려면 아직 멀었다는 것이 과학기술자들의 일반적인 의견입니다.

그러니 그렇게까지 심각하게 걱정할 필요는 없습니다. 그리고 걱정만 한다고 해서 문제가 해결되는 것도 아닙니다. 보통 우리는 잘 모르기 때문에 쓸데없이 많은 걱정을 하게 됩니다. 세상은 아는 만큼만 보이는 법입니다.

사회변동, 문화변동의 원인

10년이면 강산도 변한다는데 사회는 이보다 훨씬 빨리 변화하고 바뀝니다. 10년 전 사회와 지금의 사회를 한번 비교해보면 그야말로 격세지감을 느낄 정도입니다. 사회는 끊임없이 변화합니다. 사회과학에서는 이를 '사회변동(social change)'이라고 말합니다. 그런데 사회변동은 언제나 그 사회의 문화변동을 수반합니다. 사회와 문화는 불가분의 관계입니다. 사회가 그릇이라면, 문화는 그 그릇에 담겨 있는 내용물 같은 것입니다. 따라서 사회가 변동한다는 것은 문화가 변동한다는 의미이기도 합니다. 그런데 사회나 문화는 왜 변화하는 걸까요. 과학기술의 발전, 인구구조의 변화, 자연환경의 변화 등 다양한 요인이 있겠지만 가장 주요한 요인은 세 가지입니다. 발명, 발견, 그리고 문화전파입니다. 각각에 대해 한번 생각해보겠습니다.

첫 번째는 발명(invention)입니다. 발명이란 이제까지 없던 것을 새롭게 만들거나 생각해내는 것을 뜻합니다. 혁신적인 발명은 인류의 역사를 획기적으로 변화시켰습니다. 가령 2세기경 중국 후한 시대의 환관이던 채륜은 종이를 발명합니다. 105년에 그는 나무껍질, 삼베 조각, 헝겊 따위를 사용해 종이를 만들었는데, 이는 비단 제조 과정에서 생긴 비단실이나 풀솜으로 부직포를 만드는 방법을 응용한 것이라고 합니다. 어쨌든 종이 발명 덕분에 인간은 지식을 기록하고 학습할 수 있게 됐으며 책을 만들어 지식을 후세에게 전승할 수 있게 되었습니다. 수레바퀴의 발명, 증기기관의 발명, 컴퓨터의 발명 등도 거대한 사회변화를 촉발시킨 혁신적 발명입니다.

한편 발명은 물질적인 발명에만 해당되는 것은 아닙니다. 물건, 제품, 기술의 발명이 아니라 비물질적인 발명도 있습니다. 예컨대 새로운 정치 개념을 고안하고 새로운 사회제도를 만드는 것을 생각해볼 수 있습니다. 이런 것을 '사회적 발명'이라고 부릅니다. 민주주의는 국민이 주인이고 권력이 국민으로부터 나온다는 정치 개념이고, 공화국은 주권이 국민에게 있는 정치를 하는 국가를 말합니다. 민주주의나 공화국 등의 개념이나 이 개념에 기초한 제도는 모두 사회적인 발명입니다. 새로운 종교, 사상, 문자의 발명도 사회적 발명입니다. 이렇게 기술적인 발명이거나 사회적인 발명이거나 발명은 사회를 변화시키는 주요한 요인입니다.

두 번째는 발견(discovery)입니다. 발견이란 새로운 것을 만들어 내는 발명과 달리 원래부터 있었지만 알지 못했던 것이나 미처 알려지지 않은 것을 새롭게 찾아내는 것을 말합니다. 발견이라고 하면 가장 먼저 떠오르는 것은 아마 '콜럼버스의 신대륙 발견'이겠지요. 1492년 크리스토퍼 콜럼버스가 이끄는 일행은 오늘날 서인도제도의 산살바도르섬에 도착했습니다. 당시 콜럼버스는 그곳이 인도나 중국이라고 믿었습니다. 이것을 역사책에는 '아메리카 신대륙 발견'이라고 기술하고 있습니다.

유럽은 구대륙, 유럽인이 새롭게 발견한 아메리카 대륙은 신대륙이라고 부르는데, 사실 이는 지극히 유럽적인 관점입니다. 유럽인의 관점에서 보면 아메리카 대륙은 새로 발견된 신대륙일 수 있겠지만 아메리카 대륙은 이미 오래전부터 원주민들이 살고 있던 곳입니다. 그곳 원주민들은 유럽인들이 자신들을 발견해주기를 기다리며 살아온 것이 아닙니다. 옛날부터 나름대로의 독자적인 문명을 이루며 살아왔는데, 어느 날 난데없이 유럽인이 총칼을 들고 찾아와 점령한 거죠. 그러니까 원주민 관점에서 신대륙 발견이라는 말은 얼토당토않은 말입니다. 그들의 입장에서 콜럼버스의 신대륙 발견은 '유럽인과의 만남'쯤 되겠지요. 어쨌거나 지리상의 대발견, 아메리카 대륙 발견과 같이 미지의 땅을 찾아내는 것은 발견입니다. 그런데 사실 지리적인 발견보다 더 많은 발견이 이루어지는 분야가 있습니다. 바로 과학 분야입니다.

과학에서 이루어지는 연구는 그 결과물이 대부분 발견입니다. 자연을 관찰하고 생체를 해부하고 실험하고 탐구하면서 자연과 생명의 신비를 밝혀내는 것이 자연과학입니다. 천체의 움직임을 관찰해 지구가 태양 주위를 돈다는 사실을 알아낸 것은 발명이 아니라 발견입니다. 뉴턴이 떨어지는 사과를 보면서 만유인력의 법칙을 생각해낸 것도 발명이 아니라 발견입니다. 인간 게놈 프로젝트를 통해 인간 생명체의 유전정보를 담고 있는 게놈을 해독하여 DNA 염기서열을 밝혀내고 유전자 지도를 그려낸 것도 생명과학의 역사에서 일획을 그은 엄청난 발견입니다. 이렇게 우주와 자연의 원리, 물질의 본

● 과학에서 이루어지는 연구의 결과물은 대부분 발견이다.

질, 생명활동의 메커니즘 등을 밝혀내는 과학연구들은 모두 발견의 영역입니다. 발견을 통해 과학이 발전하고, 과학이 발전하면 사회변동과 문화변동이 이루어집니다.

세 번째는 문화전파(culture diffusion)입니다. 문화전파는 한 지역이나 한 나라의 문화가 사람들의 이동과 국가 간 무역, 정복전쟁, 대중매체 등을 통해 다른 지역이나 나라로 이동하거나 퍼져나가는 현상을 말합니다. 여기에서 문화라는 말이 나오는데, 문화는 굉장히 포괄적인 개념입니다. 한국 사람이 한글을 사용하고 한국어로 소통하는 것도 문화고, 제사를 지내거나 결혼식을 하는 것도 문화고, 학

교에서 공부를 하고 시험을 치르는 것도 문화입니다.

결국 인간이 역사적인 과정에서 이루어낸 물질문명과 정신적인 소산 전체를 가리키는 말이 문화입니다. 무엇을 입고 무엇을 먹고 어떤 집을 짓는가, 즉 의식주는 문화입니다. 문자를 만들어 사용하고 어떤 신을 섬기며 종교생활을 하는 것도 문화입니다. 그런데 나라마다 민족마다 살아가는 방식이 다르므로 다른 문화를 가집니다. 어떤 지역에서 만들어진 특정한 문화가 다른 지역으로 전파되는 것이 문화전파입니다.

문화전파가 이루어지려면 서로 다른 민족이나 종족이 만나고 교류해야겠지요. 중국에서 2세기경 종이가 발명되어 책을 만드는 문화가 만들어졌는데, 이 문화는 아랍인을 통해 서양으로 전해집니다. 이런 것이 문화전파입니다. 불교가 인도에서 만들어져 동양 여러 나라에 확산된 것도 문화전파이고, 중국의 한자가 우리나라나 일본 등 이웃나라에 전해진 것도 문화전파입니다. 문화가 전달되는 문화전파 현상도 사회변동을 일으키는 요인 가운데 하나입니다.

세 가지 요인 중 발명과 발견은 주로 과학기술 영역입니다. 보통 기술개발로 발명이 이루어지고, 과학연구로 발견이 이루어집니다. 그래서 사회변동, 문화변동의 가장 큰 원인은 과학기술이라 해도 과언이 아닙니다.

한편 모든 과학기술이 사회변동을 야기하는 것은 아닙니다. 아무리 혁신적인 연구, 아무리 획기적인 기술 발명일지라도 사회적 영향을 미치지 못하고 사라져버리는 경우가 많습니다. 실제 발명특허를 받은 것 중 상품화되는 것은 극히 소수에 지나지 않고, 상품화된 특허 가운데 히트상품이 될 확률도 낮습니다. 왜 그럴까요. 그것은 과학과 기술이 사회 속에 수용되지 못했기 때문입니다. 다시 말해 과학기술이 사람들의 문화가 되지 못했다는 것입니다. 기술이 저절로 문화가 되는 것은 아닙니다. 과학이나 기술이 문화가 되려면 사람들의 삶 속에 뿌리 내려야만 합니다.

스마트폰은 매우 혁신적인 기술이지만 그걸 이용해서 다른 사람들과 소통하고 정보를 얻는 것은 문화입니다. 사람들이 인식하고 이해하고 일상생활에서 보편적으로 사용해야 비로소 문화가 될 수 있습니다. 자동차 기술은 전통적인 교통수단인 마차를 대체한 혁신 기술입니다. 자동차 기술도 사람들에게 받아들여질 때에야 비로소 운전이 되고 교통수단이 되었습니다. 기술이 사회적으로 수용되면 기존 기술을 대체해서 새로운 일자리를 만들고, 업무방식, 소통방식, 삶의 방식까지 변화시키기도 합니다. 하지만 아무리 뛰어난 기술일지라도 사회문제를 일으키거나, 윤리나 법과 상충된다면 사회적으로 수용되기 어렵습니다.

제품이나 기술의 발전 속도는 매우 빠릅니다. 하지만 이를 수용하는 제도나 사람들의 가치관은 완만하게 변화합니다. 물질적인 기술과 비물질적인 문화 사이에는 변화를 받아들이는 데 시간적인 격차가 발생할 수 있습니다. 이를 '문화지체현상'이라고 부릅니다. 문화가 물질적인 기술변화의 속도를 따라가지 못해 지체된다는 뜻입니다.

가령 자동차 기술이 사회에 수용돼 빠르게 보급되었는데도 자동차 운전과 관련된 법이 제대로 정비되지 못하는 문화지체현상이 발생할 수 있습니다. 과학과 기술은 변화의 출발점이 되는 경우가 많지만 그것이 문화로 자리 잡지 못하면 그 자리에서 정체되고 더 이상 변화가 일어나지 않습니다. 과학과 기술이 문화가 될 때 사회는 근본적으로 변화합니다.

세계화 시대의 사회변동

우리는 세계화, 국제화 또는 글로벌리제이션(globalization) 등의 용어를 많이 사용합니다. 모두 비슷한 의미인데 결국 세계가 서로 연결된다는 뜻입니다. 물론 각각의 국가가 있고 민족이 있고 국경도 있습니다.

하지만 오늘날 국경을 넘는 것은 그리 어려운 일이 아닙니다. 비행기를 타면 어느 나라든지 하루 안에 갈 수 있고, 인터넷에 접속하면 지구 반대편에 있는 사람과도 실시간으로 대화할 수 있습니다. 웬만한 곳은 자유롭게 여행할 수 있고, 다른 나라에서 원하는 공부를 할 수도 있습니다. 마음만 먹으면 이민도 갈 수 있습니다. 마치 지구가 하나의 마을과 같다고 해서 '지구촌(global village)'이라는 말을 쓰기도 합니다. 불과 100년 전만 하더라도 이런 세상이 오리라고는 생각조차 못했을 겁니다.

옛날에는 한 나라에서 일어나는 일은 그 나라 내부의 일이었습니다. 이웃나라에서는 그 내막을 알기가 어려웠고 또한 크게 관심을 가지지도 않았습니다. 다른 나라와 교류하는 일이 그리 많지 않았기 때문에 나라 간에 서로 영향을 주고받지 않았습니다.

하지만 나라와 나라, 민족과 민족 간의 교역이 많아지고 영토분쟁 때문에 전쟁도 치르는 등 다른 나라와의 접촉이 점점 많아지게 됩니다. 게다가 교통 통신 기술이 발달하면서 식민지 개척, 탐험, 지리상의 대발견 등이 이루어져 지리적인 거리의 제약을 극복할 수 있었습니다. 세계화가 진행되면 될수록 국경은 낮아지고 사람들의 이동은 점점 쉬워집니다. 그렇게 되면 지구상의 어느 곳에서 일어난 일이든지 이웃나라나 멀리 떨어져 있는 나라에까지 크고 작은 영향을 미치게 됩니다. 국가 간 상호영향이 점점 커지는 것입니다.

미국 뉴욕 월가의 금융시장 추세나 일본 도쿄, 영국 런던, 프랑스 파리 금융시장의 추이는 우리나라 주식 시세에도 큰 영향을 줍니다. 경제적인 측면뿐만 아니라 정치 상황도 글로벌 영향력을 갖습니다. 2017년 미국 대통령 선거에서는 보수적인 도널드 트럼프가 대통령에 당선되었고, 프랑스 대통령 선거에서는 중도파인 엠마뉘엘 마크롱이 39세의 젊은 나이에 대통령에 당선되었습니다. 이스라엘에서는 팔레스타인인과 유대인 간의 긴장이 고조돼 유대교, 기독교, 이슬람교 등 세 종교가 모두 성지로 생각하는 예루살렘에서 끊임없이 테러가 발생하고 있습니다. 이러한 정치 상황들은 비단 미국, 유럽, 중동만의 국지적인 문제가 아닙니다. 국제정치 이슈이며 개별 국가의 정치와 경제에도 큰 영향을 미치고 있습니다.

이렇게 세계가 하나의 지구촌으로 묶일 수 있게 된 것은 과학기술 발전 덕분일 것입니다. 과학기술은 시공간의 제약을 뛰어넘을 수 있게 해주었습니다. 제4차 산업혁명시대에는 국가 간 상호 영향력이 더 커질 것입니다. 제4차 산업혁명은 한 나라만의 변화가 아니라 지구 전체 차원에서 동시적으로 일어나고 있는 글로벌 변화입니다.

제4차 산업혁명의 핵심기술

산업혁명은 기술혁신으로부터 시작되었습니다. 제1차 산업혁명은 증기기관의 발명으로 촉발되었고, 제2차 산업혁명은 전기 에너지와 관련된 기술이 주도했습니다. 또한 제3차 산업혁명의 중심에는 IT라고 부르는 정보기술이 있었습니다. 그렇다면 제4차 산업혁명을 이끌어가는 기술은 무엇일까요.

제4차 산업혁명은 기존의 산업혁명과 좀 다른 점이 있습니다. 하나의 특정 기술을 핵심기술로 꼽을 수 없다는 것입니다. 실제로 특정기술이 변화를 주도하고 있지도 않습니다. 전문가들은 여러 가지 첨단기술들이 제4차 산업혁명을 이끌어가고 있으며, 이런 기술들이 서로 융합되고 있는 것이 중요한 특징이라고 말합니다. 전문가들은 제4차 산업혁명의 키워드로 초연결, 초지능, 초융합을 꼽고 있습니다. 초연결에 해당하는 기술은 사물인터넷, 5G, 블록체인 등입니다. 인공지능과 빅 데이터, 인지과학 등은 초지능에 해당합니다. 그리고 초융합은 여러 기술이 융합되는 것을 말합니다.

2016년 세계경제포럼에서는 「일자리의 미래」라는 제목의 보고서가 유난히 큰 관심을 끌었습니다. 이 보고서는 일자리 변화 동향에 대한 내용을 담고 있지만 변화를 이끄는 기술적인 요인, 즉 제4차 산업혁명의 주요한 기술들도 제시하고 있습니다. 우선 모바일 인터넷과 클라우딩 기술, 컴퓨터과 빅 데이터 기술 등을 꼽고 있습니다.

제조업 혁신을 위한 '인더스트리 4.0정책'을 추진해온 독일과 우리나라에서는 제4차 산업혁명이라는 말을 많이 사용하지만, 다른 선진국에서는 상대적으로 제4차 산업혁명이라는 표현을 그리 많이 사용하지 않습니다.

가령, 미국의 경우에는 '디지털 전환(Digital Transformation)'이라는 말을 주로 사용합니다. IT분야 세계최강대국답게 현재 변화를 디지털기술 주도의 변화로 인식하고 있기 때문입니다. 다보스 포럼에서도 디지털기술을 가장 많이 언급했습니다. 디지털기술 중 사물인터넷(IoT), 공유경제와 크라우드 소싱 등을 제4차 산업혁명의 주요 기술로 제시했습니다. 로봇과 자율주행, 인공지능(AI), 3D 프린팅도 포함되어 있는데 이런 기술들도 디지털 기반의 기술입니다. 그 밖의 기술로는 신에너지공급과 기술, 첨단소재와 생물공학 등이 포함되어 있습니다. 제4차 산업혁명에서 중요한 기술들을 간략하게 살펴보겠습니다.

첫 번째는 사물인터넷입니다. 영어 약자는 'IoT(아이오티)'인데 'Internet of Things'를 줄인 말입니다. 사람, 사물, 공간, 데이터 등 모든 것이 인터넷으로 연결되어 정보가 생성·수집·공유·활용되는 초연결망을 의미합니다. 물론 이전에도 인터넷이 있었고 서로 연결돼 있었지만, 사람이 인터넷에 접속해서 정보를 불러오고 공유하는 방식이었습니다. 하지만 사물인터넷은 각각의 사물에 센서를 달고 인터넷에 연결되기 때문에 사람의 개입 없이도 사물과 사물이 서로 연결될 수 있다는 점이 특징입니다. 그야말로 모든 것이 인터넷에 연결되는 세상이 되는 거죠. 요즘 TV를 보면 스마트홈 광고가 많이 나옵니다. 냉장고나 세탁기, TV 등이 스마트폰에 연결돼 집 바깥에서도 작동상태를 알 수 있는 것은 사물인터넷 덕분이죠.

두 번째는 빅 데이터(Big Data)입니다. 빅 데이터는 말 그대로 방대한 데이터입니다. 1분 동안 검색엔진 구글에서는 200만 건 이상이 검색되고 있고, 트위터에서는 27만 건의 트윗이 생성된다고 합니다. 유튜브에서는 1분 동안에 72시간의 영상물이 생성되고, 유튜브 영상물 재생 건수는 하루 평균 40억 회가 넘는다고 합니다. 소셜미디어 중 가장 많이 이용되는 것은 페이스북입니다. 마크 저커버그는 2004년에 이 서비스를 처음 시작했고, 8년 만인 2012년에 월 사용자 10억 명을 돌파했습니다. 그로부터 5년이 지난 2017년에는 월 사용자 20억 명을 넘어섰습니다. 이는 전 세계 인구 74억 명(2017년 1월 기준)의 약 27퍼센트에 해당하는 수치입니다.

여하튼 인터넷상에는 천문학적인 분량의 방대한 데이터와 정보가 생성되고 유통되고 공유되고 있습니다. 2020년경에는 다국적 데이터 회사들의 데이터 규모가 40제타바이트에 달할 것으로 예측됩니다. 1제타바이트는 1조 바이트입니다. 그게 어느 정도냐 하면 DVD 2,500억 개에 해당하는 용량입니다. 빅 데이터의 속성으로는 보통 3V(Volume·Variety·Velocity)를 이야기합니다. 데이터량(Volume)이 초대용량이고, 텍스트·이미지·동영상 등 형태가 다양하고 비정형적이며(Variety), 엄청나게 생성속도(Velocity)가 빠르다는 거죠.

오늘날 빅 데이터는 다양한 분야에서 활용되고 있습니다. 기업은 고객 소비 패턴 데이터를 분석해 상품 추천 서비스에 활용하고 있고, 지방자치단체는 교통정보를 이용해 지능형 교통안내 서비스를 제공하고 있습니다. 정부는 과거 범죄 데이터를 분석해 범죄예방 시스템을 구축하기도 합니다. 방대한 데이터를 활용해 현황을 정확하게 분석하고 이를 토대로 미래를 예측하는 데도 활용하기 때문에 빅 데이터는 21세기 '지식정보사회의 원유'라고 말하기도 합니다.

세 번째는 인공지능입니다. 인공지능은 딥러닝이나 머신러닝의 방식으로 스스로 학습합니다. 그래서 인간의 언어를 알아듣는 것은 물론이고, 사람처럼 지각하고 판단하는 기능까지 갖추게 됩니다. 구글 딥마인드의 알파고처럼 게임에 특화된 인공지능으로 개발되기도 하고, IBM 왓슨처럼 암 진단 연구 등 의료용 인공지능으로 개발되기도 합니다. 현재 의료, 금융, 행정, 법률 서비스 등 다양한 분야에서 인공지능이 개발돼 도입되는 추세입니다. 미래학자 레이먼드 커즈와일(Ray Kurzweil)은 인공지능이 비약적으로 발전해서 2045년쯤에는 인간두뇌를 능가하게 되는 이른바 '특이점(singularity)'에 도달할 것이라고 예측하고 있습니다.

네 번째는 3D 프린터, 즉 3차원 프린터입니다. 디지털 공작기계 중에서 가장 널리 이용되고 있는 보편적인 기계입니다. 우리 주변에서도 쉽게 찾아볼 수 있습니다. 3D 프린터는 평면출력이 아니라 입체물을 출력한다는 점에서 가정이나 사무실에 있는 2D 프린터와는 차원이 다릅니다.

가령 발명가나 창업자가 새로운 제품 아이디어로 설계도를 그리면 이것을 직접 시제품으로 만들 수 있습니다. 예전 같으면 공장에 가서 설계도를 주고 비싼 비용을 들여 주문을 해야 했지만 이제는 더 이상 공장에 갈 필요가 없습니다. 3D 모델링된 입체 설계도 파일만 있으면 누구나 3D 프린터로 출력할 수 있으니까요. 3D 프린터는 대부분 적층 방식을 사용하는데, 적층이란 쌓는다는 뜻입니다. 필라멘트 수지 등의 소재를 분사하고 여러 층으로 쌓음으로써 입체물을 만드는 방식으로 출력됩니다. 가장 많이 사용되는 것은 옥수수 전분이 함유된 친환경 플라스틱 소재인 PLA 필라멘트입니다. 3D 프린팅은 개인이나 소규모 창업자가 직접 제작할 수 있게 해줌으로써 시간과 비용을 줄여주고, 개인의 아이디어 유출을 막아주는 혁신 기술입니다.

다섯 번째는 자율주행 자동차입니다. 말 뜻대로 풀어보면 사람이 운전하지 않고 자율적으로 주행하는 자동차입니다. 초고속 5G 통신, 사물인터넷 등 첨단기술들이 집약돼 자동차에 적용된 것이 자율주행 자동차라고 생각하면 됩니다. 하지만 사람이 개입하지 않고 자율주행 시스템이 스스로 판단하고 주행하는 완전자동화까지는 상당한 시간이 걸릴 것으로 보입니다. 자율주행 자동차는 사람의 개입과

시스템의 자율성 정도에 따라 5단계로 나눕니다. 이는 미국교통안전국이 제시한 가이드라인입니다.

사람이 운전하는 현재의 자동차는 0단계입니다. 1단계는 자동긴급제동장치, 정속주행장치 등 보조시스템이 운전자를 보조하는 정도이고 사람이 운전하는 단계입니다. 2단계는 이것보다 좀 더 발전해 핸들조작 자동화나 고속도로에서의 자동차선 유지 등의 기능이 추가돼 부분적인 자동화가 가능하지만 역시 사람이 주로 운전합니다. 3단계는 자동화시스템을 갖추는 단계입니다. 자동차가 자율적으로 운전하지만 긴급 상황에서는 사람이 개입해서 핸들이나 브레이크를 조작합니다.

4단계부터는 본격적인 자율주행입니다. 모든 주행을 자율주행시스템이 판단하고 비상시 대처도 시스템이 수행합니다. 하지만 여전히 인간이 개입하는 수동조작옵션이 가능합니다. 5단계는 운전자가 전혀 개입하지 않고 시스템만으로 주행하는 완전자율주행 단계입니다. 사람이 차에 타지 않아도 시스템만으로 자율 주행하기에 무인자동차라고 할 수 있습니다. 구글을 비롯해 자율주행 자동차 기술을 개발하고 있는 대부분의 기업들은 현재 3단계 정도 수준에 도달했고, 2020년 정도까지는 4단계로 진입하려는 계획을 갖고 있습니다.

2015년 일본에서는 STS(과학기술사회)포럼이라는 국제포럼이 열렸는데 당시 아베 총리대신이 개막식에 참석해 인사말을 했었습니다. 아베 총리는 2020년 도쿄 올림픽 때에는 도쿄 거리에 무인자율

● 자율주행 자동차는 교통사고 인명피해를 거의 제로로 줄일 수 있다.

자동차가 다니게 하겠다고 공식적으로 선언했습니다. 자동차 강국인 일본은 자율주행 자동차 개발에 대한 투자를 아끼지 않고 있습니다. 머지않은 장래에 우리는 거리에서 자율주행 자동차들을 만날 수 있을 것입니다.

만약 그렇게 된다면 아주 혁신적인 변화가 올 것입니다. 가장 좋은 점은 뭘까요. 교통사고로 인한 인명피해를 거의 제로에 가깝게 만들 수 있다는 것입니다. 교통사고는 약 90퍼센트 이상이 졸음이나 부주의, 운전 중의 휴대폰 통화 등 운전자 과실이 원인입니다. 인공지능이 장착된 자율주행 자동차가 상용화되면 사람의 과실로 인한 사고는 미연에 방지할 수 있을 것입니다.

세계적으로 교통사고로 인한 사망자는 연간 130만 명이나 된다고 하는데, 이런 교통사고만 막아줘도 얼마나 좋을까요. 특히 우리나라는 경제협력개발기구(OECD) 국가들 중에서 교통사고 발생건수와 사망자수가 가장 많은 나라 중 하나라는 불명예를 갖고 있습니다. 한 해 교통사고 사망자수는 1991년 1만 3,429명에서 2015년에는 4,621명으로 줄었고 2016년 4,292명, 2017년 4,190명으로 조금씩 줄고 있는 추세이긴 하지만, 여전히 적지 않습니다. 인구 10만 명당 사망자수는 2015년 기준으로 영국 2.8명, 일본 3.8명, 독일 4.3명에 비해 우리나라는 9.1명이나 됩니다. 교통사고 사망자가 많은 우리나라야말로 자율주행 기술 개발에 박차를 가해야 하는 나라입니다.

자율주행 자동차는 고성능 센서와 사물인터넷을 통해 자동차와 자동차가 서로 교신을 하는 시스템으로 운영되기에 교통사고를 충분히 막을 수 있습니다. 또한 교통난 해소에도 큰 도움이 될 것입니다. 지금은 자동차들이 대부분의 시간을 도로가 아니라 주차장에서 보내고 있는데, 생각해보면 이것은 엄청난 비효율입니다. 자율주행 자동차가 많이 보급되면 차량 공유가 쉬워지고 효율적으로 운영될 수 있어서 현재 자동차 수의 절반 이하로도 충분히 교통량을 감당할 수 있을 것입니다. 자율주행 자동차 기술은 교통사고를 방지하는 것은 물론 에너지도 절감하고 대도시 교통 문제까지 말끔히 해소할 수 있을 것으로 기대됩니다.

여섯 번째는 블록체인입니다. 블록체인을 이야기하기 전에 비트코인에 대해 먼저 이야기하겠습니다. 2018년 연초에 사회적으로 큰 이슈가 되었던 것은 비트코인이었습니다. 비트코인은 온라인상의 암호화폐입니다. 2008년 10월 사토시 나카모토라는 가명을 쓰는 프로그래머가 개발한 시스템인데, 중앙은행과 같은 중개기관이 없이도 개인들 간에 송금 등의 거래가 가능하게 만든 암호화된 가상화폐입니다. 2009년 비트코인이 처음 발행됐고 2017년 6월 기준으로 1,650만 비트코인이 발행됐습니다. 총 발행량은 100년 동안 2,100만으로 제한되어 있습니다. 비트코인의 가격은 2009년 처음 발행된 후 4년 10개월 만에 2만 배가 올랐고, 그 가치가 수직상승하면서 투기 대상이 되었습니다.

우리나라에서는 비트코인이 2012년 원화가치로 2,000원 정도 하다가 2015년에는 30만 원, 2017년 초에는 100만 원으로 올랐고 12월에는 급기야 1,100만 원을 넘어섰습니다. 이렇게 되자 정부당국은 비트코인 거래를 제한하겠다는 정책을 발표했습니다. 이 때문에 가상화폐 거래규제에 대한 격렬한 찬반 논쟁이 벌어진 것입니다.

비트코인은 여러 가지 암호화폐 가운데 하나입니다. 비트코인, 이더리움, 리플, 비트코인 캐시, 에이다 등 다섯 개를 5대 암호화폐라고 합니다. 이러한 암호화폐를 가능하게 하는 원천기술이 바로 블록체인(Block chain)입니다. 블록체인은 중개기관 개입 없이 개인과 개인 간의 거래가 가능하고, 블록이라고 불리는 거래장부를 중앙 서버에 보관하지 않고 각자 개인 컴퓨터에 분산하여 공개적으로 보관하

● 블록체인으로 중앙은행 없이 개인이 화폐를 발행할 수 있다.

기 때문에 원천적으로 해킹이 불가능합니다. 블록들이 체인처럼 연결되어 있다고 해서 블록체인이라고 부릅니다. 블록은 퍼즐과 같아서 한번 들어가면 다시 고치거나 변경할 수가 없는 거죠. 중앙은행이 없이도 개인이 화폐를 발행할 수 있고 개인 간 자유로운 거래가 가능하므로 이제까지의 화폐 시스템을 대체할 수도 있는 혁신 기술입니다. 하지만 현재 사회적 물의를 불러 일으킨 바와 같이 과열투기를 조장할 수 있고, 발행 주체가 없고 지급보증을 할 수 없어 실질적인 거래수단인 화폐로서의 안정성은 낮습니다. 또한 거래가 익명으로 이루어져 자금세탁이나 불법거래에 이용될 수 있다는 등의 문제를 안고 있습니다.

블록체인 기술은 앞으로도 발전하겠지만 이것이 상용화폐로 정착될 수 있을지는 조금 더 두고 봐야 할 것입니다. 만약 블록체인 기술이 이런 부작용들을 해결하고 화폐의 기능을 할 수 있다면 화폐시스템과 경제 거래에서 획기적인 변화를 맞게 될 것입니다. 「유엔미래보고서 2050」은 블록체인은 초연결, 초지능을 강화시키는 기술이고 '미래를 바꿀 10대 기술' 중의 하나라고 평가했습니다. 인공지능보다 더 큰 변화를 가져올 혁신적인 기술이라고 보는 전문가도 있어 우리가 주목해야 하는 기술입니다.

제4차 산업혁명과 일자리 변화

제4차 산업혁명이 진행되면 기술과 산업에서 우선적인 변화가 시작되겠지만 교육, 문화 등 우리의 일상생활에서도 큰 변화들이 일어날 것입니다. 사람들이 가장 관심을 갖는 것은 뭐니 뭐니 해도 일자리 변화입니다. 당장 나의 일자리는 안전한지, 앞으로는 어떤 일자리를 갖는 것이 좋은지, 무얼 해서 먹고 살아야 할지 등 생존의 문제이기 때문입니다. 2016년 다보스 포럼에서 관심을 끌었던 「일자리의 미래」 보고서는 '제4차 산업혁명으로 2020년까지 약 710만 개의 일자리가 사라지고 새로 생기는 일자리는 200만 개'라고 예측하고 있습니다. 이 내용은 언론을 통해 여러 번 소개되고 인용되었습니다. 2020년이라면 먼 미래 이야기가 아닙니다. 로봇으로 인한 기계화, 인공지능에 의한 자동화로 인해 인간의 일자리는 대량으로 사라질 가능성이 높다는 것입니다.

제4차 산업혁명은 분명 대량실업을 불러올 수 있습니다. 문재인 정부는 일자리위원회와 제4차 산업혁명위원회를 만들어 일자리 창출에 정부의 역량을 총동원하고 있습니다. 일자리위원회의 경우에는 대통령이 직접 위원장을 맡고 있습니다. 그만큼 일자리 정책이 중요하다는 이야기겠지요. 청년실업 문제가 심각한 지금, 당장의 일자리를 많이 만드는 것도 중요하지만 더 중요한 것은 미래 일자리입니다. 혁명적인 변화는 엄청난 기회와 함께 엄청난 위험도 같이 동반하기 마련입니다.

산업혁명은 역사적으로 매우 중요한 사건이었습니다. 혁신적인 기계를 발명하고 새로운 에너지원을 찾아냈기 때문입니다. 하지만 제1차 산업혁명으로 도시에 많은 공장이 들어서면서 농촌의 농민들은 일자리를 잃었습니다. 제2차 산업혁명 시기에는 공장의 과학적 관리법과 전기기술이 상용화되면서 대량생산체제가 가동되었지만 또 한 번 대량 실직이 이루어졌습니다. 컴퓨터 기술 발전으로 자동화체제가 이루어진 제3차 산업혁명 시기에는 사무직 노동자, 즉 화이트칼라의 대량실업이 사회 문제가 됩니다. 이제 우리는 제4차 산업혁명을 맞고 있습니다. 로봇과 인공지능이 인간의 일자리를 대체하게 되면 네 번째의 대량실업이 이루어질 수 있습니다. 어쩌면 산업혁명의 다른 이름은 대량실업이 될지도 모릅니다.

물론 낙관론자들도 많습니다. 신기술로 일자리가 없어져도 새로운 일자리가 꾸준히 만들어진다는 거죠. 역사적으로 보면 산업혁명으로 농민들은 일자리를 잃었지만 도시의 공장에는 새로운 일자리들이 생겨났습니다. 산업화가 진행되면 농촌에서 직접 농사짓는 농부는 줄어들지만 반면 농기계, 비료화학, 생명공학 등이 발달하면서 관련된 기계개발 엔지니어, 비료공장 노동자, 연구직 등이 늘어나고 기계판매와 AS, 비료판매 등 서비스직도 생겨난다는 것입니다. 제4차 산업혁명시대에는 어떻게 될까요. 늘어나는 일자리도 있고 사라지는 일자리도 있을 겁니다. 하지만 늘어지는 일자리보다 사라지는 일자리가 훨씬 많으리라고 예측하는 전문가들이 많습니다.

영국에서 산업혁명이 한창 진행되던 1811~1871년, 직물공업에서 기계가 도입되자 임금이 하락하고 고용이 감소되고 실업자가 증가하는 현상이 발생합니다. 노동자들은 실업과 생활고의 원인이 자신들에게서 일자리를 빼앗아간 기계 때문이라고 생각하면서 기계를 파괴하는 운동을 벌입니다. 정체불명의 지도자 러드(General Ludd)라는 인물이 주도했다고 하여 이를 '러다이트 운동(Luddite Movement)'이라고 합니다. 이를테면 산업혁명으로 인한 근본적인 변화과정에서 일자리 문제 때문에 일어난 폭동이라 할 수 있습니다.

이제 제4차 산업혁명으로 인공지능과 로봇이 인간의 일자리를 위협할지도 모르겠지만 그렇다고 일자리를 빼앗긴 사람들이 인공지능과 로봇을 파괴하는 '21세기 현대판 러다이트 운동'이 일어나리라고 생각하지는 않습니다. 기술발전과 진보는 막을 수 없는 시대적인 흐름입니다. 계산기 사용으로 사람들이 산술능력이 떨어진다고 계산기 사용을 막을 수는 없고, 노래방 기계, 내비게이션 등 디지털 기기 때문에 사람들의 암기력, 인지력이 오히려 떨어지는 '디지털 치매' 현상이 나타난다고 해서 디지털화를 막을 수는 없습니다. 인공지능과 로봇으로 상징되는 제4차 산업혁명이 가져올 부작용 때문에 기술혁신을 거부할 수는 없는 법입니다. 일자리 문제를 비롯해 예견되는 여러 문제들을 미리 예측하고 판단하여 준비하는 자세가 필요합니다.

튜링 테스트

인공지능 기계도 정말 인간처럼 지능을 가질 수 있을까요. 인공지능과 컴퓨터를 연구한 초창기의 학자들은 이러한 의문을 가졌습니다. 영국의 천재수학자로 컴퓨터의 아버지라 불리는 앨런 튜링(Alan Turing)은 기계에 지능이 있는지를 판별하는 테스트를 제안했는데, 이것이 튜링 테스트(Turing Test)입니다.

튜링은 수학자이지만 암호학의 대가로 제2차 세계대전 당시 독일군 암호체계 에니그마를 해독하는 기계, 튜링머신을 만들었으며, 중앙처리장치라는 현대적 컴퓨터의 모델과 이론적 토대를 만든 학자입니다. 튜링의 일생을 다룬 영화가 2014년에 개봉된 〈이미테이션 게임〉이라는 영화입니다.1950년 앨런 튜링이 제안한 이 테스트는 기계가 인간과 얼마나 비슷하게 대화할 수 있는지를 기준으로 기계의 지능을 판별합니다.

튜링이 튜링테스트를 제안한 뒤 65년 만인 2014년 영국의 레딩대학교는 영국왕립학회가 실시한 튜링테스트를 통과한 진정한 인공지능이 나타났다고 발표해 세계인의 주목을 끌었습니다. 유진 구스트만이라는 이름의 인공지능입니다. 이 테스트에서 우크라이나 국적의 13세 소년으로 설정된 유진 구스트만이라는 인공지능은 인간

출처: Twocoms / Shutterstock.com

● 2014년 개봉된 〈이미테이션 게임〉은 튜링의 일생을 다룬 영화다.

과 대화를 나누었고, 심사위원 25명 가운데 33퍼센트가 진짜 인간이라고 판단해 튜링테스트를 통과했다고 합니다. 하지만 유진은 대화 중에 사람과는 달리 전혀 엉뚱한 대답을 한 경우도 많아서 지능을 갖춘 인공지능으로 인정하기 어렵다는 반론도 제기되었습니다.

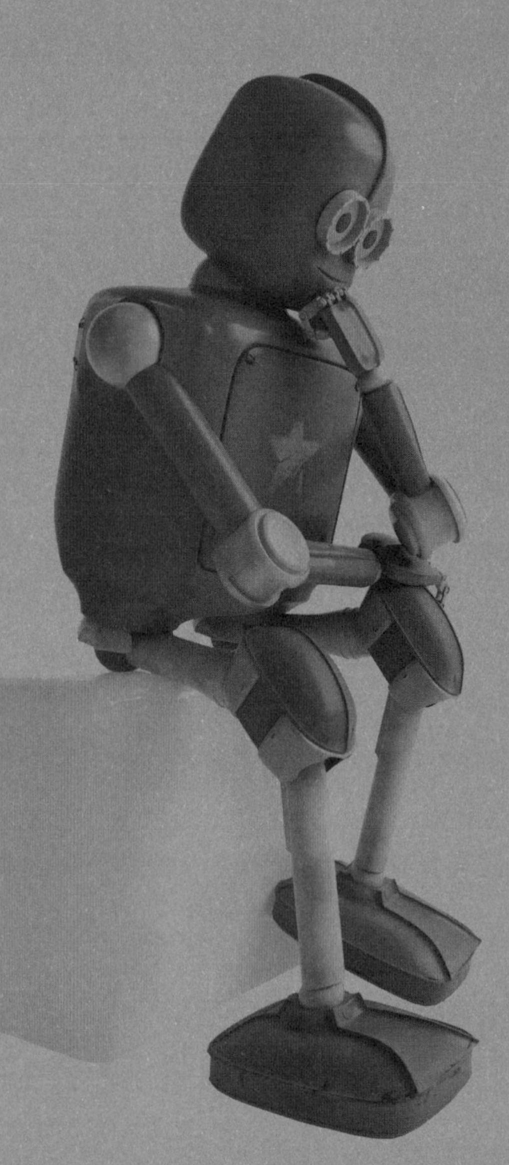

제6장

제4차 산업혁명과 인간의 미래

○●○

앞서 살펴본 일자리 변화는 제4차 산업혁명으로 인한 변화 중 일부에 불과합니다. 제4차 산업혁명은 언제까지 계속될 것이고, 그 이후에는 또 어떤 변화들이 나타날까요? 제4차 산업혁명 이후에는 제5차 산업혁명이 시작될지도 모릅니다. 어쨌거나 첨단과학기술의 발전으로 변화의 속도는 점점 빨라지고 있습니다.

○●○

미래의 특이점

MIT에서 컴퓨터공학을 전공한 미래학자 레이먼드 커즈와일은 2006년『특이점이 온다(*The Singularity is near*)』라는 제목의 책을 출간해 큰 반향을 불러 일으켰습니다. '특이점(singularity)'이란 기술이 계속 발전하다보면 어느 순간 기술이 인간을 넘어서고 기계와 인간의 경계가 무너지는 시점을 말합니다. 주로 과학에서 사용하는 용어인데, 어떤 기준을 정했을 때 그 기준이 적용되지 않는 임계점을 일컫는 말입니다. 결국 미래학자들이 말하는 특이점은 인공지능 기계가 인간의 지능과 능력을 넘어서는 시점입니다. 커즈와일은 특이점이 오는 시점이 2045년경이 될 것이라고 예측하고 있습니다.

어린 시절, 미래를 상상하는 그림을 그린 적이 있을 것입니다. 4월 과학의 달이 되면 과학상상화 그리기 대회라는 것도 있죠. 학생들이 그린 미래상상화에 단골로 등장하는 소재가 있습니다. 우주도시나 해저도시, 날아다니는 자동차와 기차 등입니다. 거기에 꼭 빠지지 않는 것이 로봇입니다. 우리 상상 속의 로봇은 악당을 물리치고 위험에 빠진 사람을 구해주며 사람들을 도와 청소, 요리, 숙제도 하고 뭐든 시키면 시키는 대로 척척 해주는 착한 로봇일 겁니다. 인공지능과 로봇기술이 결합해 발전하면 언젠가 미래에는 어릴 때 상상했던 것이 현실이 될 수도 있을 겁니다. 미래에는 가정이나 직장에서 인공지능 로봇과 함께 일하고 살아가게 되겠지요. 지금처럼 인공지능 스피커, 청소로봇, 안내로봇 수준이 아니라 사람보다 훨씬 똑똑한 인공지능 로봇이 출현하게 되는 시점이 바로 미래학자들이 말하는 특이점일 것입니다.

특이점과 똑같은 개념은 아니지만 '티핑포인트(Tipping Point)'라는 말도 유사한 의미로 사용됩니다. '갑자기 뒤집히는 점'이라는 뜻인데, 어떠한 현상이 서서히 진행되다가 어느 순간 폭발하는 것을 말합니다. 비즈니스나 마케팅에서는 어떤 상품이 뜨는 시점, 폭발적인 유행이 시작되는 시점을 가리킵니다. 말콤 글래드웰이라는 작가가 쓴 책 중에 『티핑포인트』라는 책이 있습니다. 이 책이 베스트셀러가 되면서 티핑포인트는 한때 유행어가 되기도 했습니다. 글래드웰은 이 책에서 사례를 들면서 티핑포인트를 설명했습니다.

가령, 허시 퍼피라는 미국의 신발 브랜드는 매출부진으로 고전을 면치 못하고 있었습니다. 그러다가 1994년 뉴욕 맨해튼의 젊은이들이 이 신발을 즐겨 신기 시작했고 이후 영화 〈포레스트 검프〉에서 톰 행크스가 이 신발을 신은 것이 결정적 계기가 돼 갑자기 매출이 급증했다고 합니다. 이런 것이 티핑포인트입니다. 또한 말콤 글래드웰의 또 다른 베스트셀러로 『아웃라이어(*Outliers*)』라는 책이 있습니다. 아웃라이어란 평균의 범주에서 벗어나는 사람을 말하는데, 괴짜들의 천재성을 다룬 책입니다. 여기에 보면, 어떤 분야에서건 전문가가 되려면 적어도 1만 시간 이상을 투자해야 한다는 '1만 시간의 법칙' 이야기가 나옵니다. 1만 시간은 하루에 세 시간씩 10년을 계속하거나 하루에 10시간씩 3년을 계속해야 하는 정도의 시간입니다. 영어나 프랑스어 같은 외국어도 그 정도의 시간을 계속 투자하면 충분히 마스터할 수 있을 겁니다. 1만 시간을 투자해 이력이 붙고 어느 순간 자신도 모르게 전문가가 되는 시점도 티핑포인트라고 할 수 있습니다.

과연 특이점은 올까요. 기계는 결국 인간을 넘어설까요. 특이점으로 넘어가는 티핑포인트는 언제쯤일까요. 그것은 아무도 모릅니다. 기술이 아무리 발전해도 결국 특이점이 오지 않을 수도 있습니다. 하지만 특이점이 오건, 오지 않건 과학기술은 계속 발전할 것입니다. 우리는 앞으로도 과학기술과 함께 살아가야 합니다. 만약 과학기술이 위험요소를 갖게 된다면 인간에게 위협이 되지 않도록 잘 제어하고 통제해야 하는 것이 인간의 몫입니다.

아직 오지 않은 시간, 미래

우리는 '미래'라는 말을 많이 사용합니다. 미래는 인간이 생각해낸 시간 개념입니다. 생명체 중 인간만이 사용하는 개념일 것입니다. 지나간 시간은 과거, 지금 맞고 있는 시간은 현재, 그리고 아직 오지 않은 시간이 미래입니다. 그런데 과거나 미래는 실제로는 존재하지 않습니다. 실제 존재하는 것은 현재밖에 없습니다. 지나간 시간과 오지 않은 시간은 현재에는 존재하지는 않지만 분명 이전에 존재했거나 아니면 앞으로 반드시 올 시간입니다. 그렇게 보면 과거나 미래는 인간이 고안해낸 가상의 개념입니다. 물리 세계가 아닌 가상의 공간을 말하는 사이버 세상 같은 겁니다. 그런데 사람들은 누구나 미래에 대해 지대한 관심을 갖고 있습니다. 미래에 대한 관심은 인간의 본성입니다.

오지 않은 시간이고 어떻게 될지도 모르는데 왜 관심을 갖는 걸까요. 그것은 인간이 자신의 힘으로 미래를 바꿀 수 있는 가능성이 있기 때문입니다. 앞서 우리는 르네상스 운동으로 인문주의가 싹텄고 인간은 인간 자신의 능력에 대해 신뢰를 갖게 되었다고 했습니다. 인간의 미래는 신의 섭리나 숙명으로 정해진 것이 아니라 인간이 스스로 개척할 수 있는 것이라는 생각을 하게 된 것입니다. 이런 생각에 비추어볼 때 미래는 매우 중요합니다. 우리가 아무리 돈이 많고 권력이 많아도 이미 지나온 과거를 바꿀 수는 없습니다. 지금 맞고 있는 현재도 인간의 힘으로는 바꿀 수 없습니다.

하지만 미래는 다릅니다. 미래는 숙명이 아니라 열린 가능성이기 때문입니다. 미래가 어떻게 될지는 정해져 있지 않습니다. 나 자신의 미래는 내가 이제까지 무엇을 해왔고 현재 무엇을 준비하는가에 따라 달라질 수 있습니다. 우리나라의 미래는 우리 국민이 이제까지 어떻게 해왔고 지금 어떻게 하느냐에 따라 달라질 수 있습니다. 때문에 지금 무엇을 하고 무엇을 준비하느냐에 따라 미래는 달라질 수 있습니다. 그래서 사람들은 미래에 관심을 갖고 미래를 준비하는 것입니다. 더 나은 미래를 맞기 위해서입니다.

영국인은 최고의 문호 셰익스피어를 인도와도 안 바꾼다고 말할 정도로 셰익스피어를 소중하게 생각합니다. 프랑스인도 그만큼 사랑하는 대문호가 있습니다. 바로 빅토르 위고입니다. 장발장으로 알려진 『레미제라블』 『노트르담의 곱추』 등 대작을 남긴 작가죠. 위고의 걸작 『레미제라블』에는 미래에 대한 다음과 같은 이야기가 나옵니다. “미래는 여러 가지 이름을 갖고 있습니다. 약한 자들에게 미래는 불가능입니다. 겁이 많은 자에게는 미지이고, 용감한 자에게는 이상입니다.” 미래를 개척하겠다는 용기와 의지가 있다면 이상적인 미래를 만들 수 있다는 뜻입니다. 하늘은 스스로 돕는 자를 돕고, 미래도 스스로 개척하려는 사람을 도울 것입니다.

개인이건 조직이건 국가이건 모두가 미래에 대한 생각을 하고 계획을 세웁니다. 개인은 자신의 미래에 대한 목표를 세우고 이를 실현하기 위한 계획을 짜고 준비합니다. 10년 후 나의 미래 모습을 그려보고 그렇게 되기 위해 지금 당장 해야 할 일은 무엇인지, 5년 내에 달성해야 할 일은 무엇인지 등의 계획을 세우는 것도 미래 준비입니다. 회사는 회사의 성장과 발전을 위해 미래를 위한 중장기 계획을 수립하고 준비합니다. 국가나 민족도 마찬가지입니다. 이렇게 범위를 확장하다보면 그 끝에는 인류의 미래가 있습니다. 인류의 미래는 모든 개인, 모든 기업, 모든 민족, 모든 국가의 미래를 합친 것입니다.

인간은 사회적 동물이므로 결코 혼자 살아갈 수 없습니다. 집단과 사회를 이루고 그 구성원으로서 살아가야 합니다. 때문에 서로가 서로에게, 한 국가는 다른 국가에게 서로 영향을 주고받습니다. 또한 지구는 하나뿐이기 때문에 지구라는 같은 공간에서 모두가 함께 살아갈 수밖에 없습니다. 지구의 미래, 인류의 미래는 곧 우리 모두의 미래입니다. 인공지능 발달로 미래에 특이점을 맞게 될 것인지, 환경오염과 지나친 자원개발로 미래에 지구가 위기를 맞게 될지는 남의 일이 아니라 우리 모두의 일입니다. 때문에 인류의 미래, 지구의 미래에 대해 우리 모두가 관심을 가져야만 합니다.

미래학자들이 이야기하는 2030년

세상은 정말 빠르게 변화하고 있습니다. 어떤 미래가 올지 궁금하기만 합니다. 미래학자들이 예측하는 미래는 어떤 모습일까요. 앨빈 토플러 같은 미래학자들이 모여 만든 미래연구집단이 있습니다. 두 개의 큰 단체가 있는데, 각각 유럽과 미국에 있습니다. 유럽에 있는 단체는 세계미래연구연맹(World Futures Studies Federation)이고, 미국에는 세계미래회의(World Future Society)가 있습니다. 2013년 세계미래회의는 이 단체에 소속된 미래학자들에게 다음과 같은 질문을 던졌습니다. "현재 우리가 누리거나 경험하고 있는 것 가운데 15~20년 후에 사라질 것은 무엇일까요." 당시 기준으로 15~20년 후면 대략 2030년경입니다. 미래학자들은 여러 가지 예측들을 내놓았고 그들의 답변을 정리해서 이 단체는 2013년에 「미래에 사라질 10가지(Top 10 Disappearing Futures)」라는 제목의 보고서를 발간했습니다. 그 내용을 살펴보면 미래학자나 미래예측전문가들이 2030년경의 미래 모습을 어떻게 생각하고 있는가를 알 수 있습니다.

미래학자들이 미래에 사라질 것으로 꼽은 10가지는,

1) 편협성과 오해

2) 교육과정

3) 통합유럽

4) 일자리와 직장개념

5) 상점

6) 의사

7) 종이

8) 인간경험

9) 스마트폰

10) 불안

등이었습니다. 교육과정, 상점, 스마트폰이 사라진다니 도대체 무슨 이야기일까요. 좀 더 세부적으로 살펴보겠습니다.

우선 미래에는 경제장벽과 문화적 차이가 사라질 것이고 편협성이나 오해가 사라지게 된다는 겁니다. 정보검색도 실시간으로 할 수 있고 언어통역기 등이 상용화되면 문화적 차이가 줄어들겠죠.

두 번째, 현재와 같은 방식의 교육과정이 사라진다고 보고 있습니다. 현재 학교에서 이루어지는 교육은 19세기 방식입니다. 학교 교실이라는 공간에서 교사는 지식과 기술을 전달하고 학생은 배우고, 표준화된 시험이라는 방식으로 평가를 합니다. 개별 학생들의 잠재적 능력과 요구는 무시됩니다. 미래에는 이렇게 똑같은 물건을 대량으로 찍어내는 대량 생산 방식의 공장형 교육은 사라지고 개인의 능력과 요구에 맞게 맞춤형 교육이 이루어질 것이라고 미래학자들은 예측하고 있습니다.

세 번째, 통합유럽이 해체될 것이라고 예측하고 있습니다. 유럽이 하나의 단일체로서 통합을 유지하려면 문화적 수준까지 통합되어야 하는데 그것이 가능하지 않다는 것입니다.

네 번째, 기존의 일자리가 사라질 거라는 겁니다.

다섯 번째, 온라인에서 구매하고 배송하는 방식이 보편화되므로 오프라인 매장, 상점이 사라진다는 것입니다.

여섯 번째, 로봇수술시스템이 도입되면 외과의사도 사라질 수 있습니다.

일곱 번째, 종이가 사라지고 현금지폐도 사라질 것입니다.

여덟 번째, 우리 일상이 디지털화되면 은행에서 기다리기, 길 찾아 헤매기 등 인간 경험도 사라지게 됩니다.

아홉 번째, 웨어러블 컴퓨터가 대세가 되면 스마트폰도 사라지게 될 것입니다.

열 번째, 거의 모든 것에 스마트 센서가 부착되고 추적이 가능해져 도둑도 사라지고 불안이 사라지게 됩니다. 물론 미래학자들이 예측한 이러한 내용들이 그대로 이루어지지는 않겠지만 상당부분은 이루어질 것이라고 생각합니다.

미래학자들은 막연한 바람이나 근거 없는 직감으로 미래를 예측하는 것이 아닙니다. 현재 과학기술의 수준과 발전 방향, 사회문화적인 변화 방향, 사람들의 가치관 변화 등을 근거로 예측을 합니다.

미래의 유망 일자리

제4차 산업혁명으로 인간의 일자리 중 많은 부분을 인공지능 로봇이 대신하게 되면, 현재 일자리의 상당부분이 사라지게 됩니다.

물론 신기술로 인해 새롭게 생겨나는 일자리도 많을 것입니다. 2013년 영국 옥스퍼드대 마틴 스쿨의 프레이와 오스본 연구팀의 연구결과에 따르면, 컴퓨터화로 인해 현재 직업의 47퍼센트가 20년 내에 사라질 수 있다고 합니다. 심각한 문제가 아닐 수 없습니다. 비슷한 연구결과들도 신문, 방송 등 언론을 통해 계속 보도되고 있어서 실업, 실직에 대한 우려가 커지고 있습니다. 특히 청소년들이나 학부모의 경우에는 미래 일자리에 대해 더더욱 관심을 가질 수밖에 없습니다. 어떤 일자리들이 사라지고 어떤 일자리들이 새롭게 생겨날지, 어떤 일자리가 위험하고 어떤 일자리가 유망한지에 대해 알고 싶어할 것입니다. 일자리 분석과 미래전망 연구들을 보면 어느 정도 공통적인 내용이 있습니다. 컴퓨터화로 위협을 받는 직업과 오히려 유망한 직업으로 양분되고 있다는 것입니다.

오스트리아 언론인 한스 페터 마르틴과 독일 언론인 하랄트 슈만은 1996년에 『세계화의 덫』이란 책을 공저로 발간합니다. 이 책에서 저자들은 세계화가 진행되면 상위 20퍼센트의 인구는 부유한 삶을 누리게 되겠지만 나머지 80퍼센트의 사람들은 오히려 빈곤해질 수 있다면서 이른바 '20:80 사회'라는 용어를 사용했습니다. 사실

20:80이라는 법칙성은 이탈리아의 경제학자이자 사회학자인 빌프레도 파레토(Vilfredo Pareto, 1848~1923)라는 사람이 처음 이야기했습니다. 파레토는 유럽 여러 나라의 통계자료를 바탕으로 소득분포에 관한 법칙성을 찾아냅니다. 상위 20퍼센트 부자가 전체 부의 약 80퍼센트를 소유하고 있다는 것입니다. 이를 '파레토의 법칙'이라고 합니다. 고객의 20퍼센트가 총 매출의 80퍼센트를 차지한다든가, 20퍼센트의 소수 엘리트가 권력의 80퍼센트를 장악하고 있다든가 등은 모두 파레토의 법칙입니다.

제4차 산업혁명과 컴퓨터화로 인해 미래 직업세계에서도 파레토의 법칙이 적용될 수 있습니다. 대부분 80퍼센트에 해당되는 사람들은 인공지능과 로봇에 의해 일자리를 위협받고, 20퍼센트에 해당하는 컴퓨터 관련 숙련된 전문가나 창의성을 가진 융합인재는 오히려 더 많은 기회를 얻게 되는 양극화 현상을 맞게 될 수 있습니다.

미국의 미래연구소 중에 다빈치연구소라는 연구소가 있습니다. 소장은 토머스 프레이라는 미래학자입니다. 그는 IBM에서 오랫동안 엔지니어로 일하다가 다빈치연구소를 만들어 세계적인 명성을 얻은 사람입니다. 우리나라에도 종종 방한하기 때문에 잘 알려져 있습니다. 토머스 프레이는 2030년까지 세계 일자리의 절반에 해당하는 20억 개의 일자리가 소멸될 것이라고 예측했습니다. 또한 그는 2030년까지 사라질 직업 100개를 발표하기도 했습니다. 어떤 직업들일까요. 음식이나 피자 배달원, 토지측량사, 긴급구조요원, 소방

관, 경비원, 물류창고 직원, 기자, 소설가, 암호전문가, 영양사, 법률 사무소 직원, 약사, 수의사, 환경미화원 등을 꼽았습니다.

그 기준이 뭘까요. 기계나 인공지능으로 자동화가 가능한 직업, 단순반복적인 업무, 데이터를 다루고 관리하는 일 등입니다.

가령 자율주행 자동차가 상용화되면 대리운전기사, 택시기사, 트럭운전사 같은 직업이 사라질 것이고, 3D 프린터가 보급되고 컴퓨터화가 확산되면 목수 같은 직업이 사라질 수 있습니다. 온라인으로 대학교 강의를 들을 수 있는 무크(MOOC) 강의, 유투브 등에서 무료로 들을 수 있는 동영상 강연 콘텐츠가 많아지면 교수나 강사 일자리도 위험해질 수 있습니다. 부동산을 직거래하는 앱이 보편화되면 부동산중개인이 사라질 수 있습니다. 지금도 젊은 사람들은 대부분 앱을 이용해 방을 구하고 옮길 집을 찾고 있습니다.

사라지는 직업들이 있는 반면 새롭게 생겨나거나 수요가 늘어나는 직업들도 있을 것입니다. 우선은 제4차 산업혁명의 핵심기술과 관련된 직업들입니다. 세계경제포럼은 2016년에 10대 유망기술을 제시한 바 있습니다.

1) 나노센서와 나노사물인터넷

2) 차세대 배터리

3) 가상화폐 거래를 가능하게 해주는 블록체인

4) 원자 한 겹의 두께를 가진 제2차원 소재

5) 자율주행 자동차

6) 인체장기칩

7) 실리콘 태양전지보다 유용한 페로브스카이트 태양전지

8) 개방형 인공지능 생태계

9) 뇌장애를 가진 사람들에게 희망이 될 광유전학

10) 온실효과 걱정이 없는 시스템대사공학

등입니다(WEF, Top 10 emerging Technologies of 2016). 인공지능 개발자, 사물인터넷 전문가, 로봇공학자, 빅 데이터 전문가, 그리고 인공지능의 기반이 될 수학을 연구하는 수학자, 로봇공학의 기반이 되는 기계공학자, SW 개발자 등은 미래유망직종이 될 것으로 보입니다.

2016년 알파고와 이세돌 9단의 대국이 끝난 직후, 고용노동부 산하의 고용정보원이라는 연구기관에서는 우리나라 주요직업 400여 개를 대상으로 인공지능과 로봇기술의 발전이 직업에 미치는 영향을 분석해 발표했습니다. 사람들의 관심을 끌었던 것은 '어떤 직업이 위험하고 어떤 직업이 상대적으로 안전한가'였습니다. 자동화 대체 확률이 높은 직업, 즉 인공지능과 로봇으로 대체될 위험이 높은 직업은,

1) 콘크리트공

2) 정육원 및 도축원

3) 고무·플라스틱 제품조립원

4) 청원경찰

5) 조세행정사무원

6) 물품이동장비조작원

7) 경리사무원

8) 환경미화원, 재활용품수거원

9) 세탁관련 기계조작원

10) 택배원

순이었습니다. 주로 단순반복적이거나 숙련도가 떨어지는 일들이었습니다. 반면, 자동화 대체 확률이 낮은 직업을 보면,

1) 화가, 조각가

2) 사진작가, 사진사

3) 작가, 관련 전문가

4) 지휘자, 작곡자, 연주가

5) 애니메이터, 만화가

6) 무용가, 안무가

7) 가수, 성악가

8) 메이크업 아티스트, 분장사

9) 공예원

10) 예능강사

순으로 나타났습니다. 이번에는 대부분 예능 관련이거나 창의성과 감성을 필요로 하는 직업들이었습니다. 고용정보원이 분석한 위험한 직업 30개, 상대적으로 안전한 직업 30개는 다음과 같습니다.(178페이지 표 참조)

컨설팅회사, 대학, 연구소 등에서 많은 연구자들이 미래직업 전망에 대해 연구를 하고 있습니다. 연구결과를 보면 회계사, 텔레마케터, 부동산중개인, 계산원, 운전기사, 기자, 법률분야 종사자 등은 보통 고위험 직종으로 분류되고 있습니다. 예술가, 성직자, 간호사, 과학자, 예체능 관련 직업은 상대적으로 저위험 직종으로 분류됩니다. 뇌과학자인 카이스트의 김대식 교수는 다음과 같은 세 가지 카테고리의 직업은 사라지지 않을 것이라고 전망합니다.[10]

첫째, 사회의 중요한 판단을 하는 직업들인 판사, CEO등입니다. 자동화할 수는 있지만 사회에서 허락하지 않기 때문입니다.

둘째, 인간의 심리, 감성과 연결된 직업입니다. 약한 인공지능으로는 인간을 이해하지 못하기 때문입니다.

셋째, 새로운 가치를 창출하는 직업입니다. 가령 뻔한 스토리를

---

10 김대식, 『김대식의 인간 vs 기계』, 동아시아, 2016, 283~284쪽.

순위	자동화 대체 확률 높은 직업	순위	자동화 대체 확률 낮은 직업
1	콘크리트공	1	화가, 조각가
2	정육원, 도축원	2	사진작가, 사진사
3	고무·플라스틱 제품조립원	3	작가 관련 전문
4	청원경찰	4	지휘자, 작곡가, 연주가
5	조세행정사무원	5	애니메이터, 만화가
6	물품이동장비조작원	6	무용가, 안무가
7	경리사무원	7	가수, 성악가
8	환경미화원, 재활용품수거원	8	메이크업아티스트, 분장사
9	세탁 관련 기계조작원	9	공예원
10	택배원	10	예능 강사
11	과수작물재배원	11	패션디자이너
12	행정 및 경영지원관련 서비스 관리자	12	국악, 전통 예능인
13	주유원	13	감독, 기술감독
14	부동산 컨설턴트, 중개인	14	배우, 모델
15	건축도장공	15	제품디자이너
16	매표원, 복권판매원	16	시각디자이너
17	청소원	17	웹·멀티미디어 디자이너
18	수금원	18	기타 음식서비스 종사원
19	철근공	19	디스플레이어디자이너
20	도금기·금속분무기 조작원	20	한복제조원
21	유리·유리제품 생산직(기계조작)	21	대학교수
22	곡식작물재배원	22	마술사 등 기타 문화 예술 관련 종사자
23	건설, 광업 단순 종사원	23	출판물기획전문가
24	보조교사, 기타 교사	24	큐레이터, 문화재보존원
25	시멘트·석회 및 콘크리트생산직	25	영상·녹화, 편집기사
26	육아도우미(베이비시터)	26	초등학교교사
27	주차 관리원, 안내원	27	촬영기사
28	판매 관련 단순 종사원	28	물리·작업 치료사
29	샷시 제작, 시공원	29	섬유·염료 시험원
30	육류·어패류·낙농품가공 생산직	30	임상심리사, 기타 치료사

창작하는 방송작가는 위험하지만 한 번도 없었던 스토리를 쓰는 창의적인 방송작가는 살아남을 거라는 것입니다.

구체적으로 어떤 직업이 사라지고 생겨날지, 어떤 직업은 어느 정도 안전한지 정확하게 예측할 수는 없습니다. 하지만 이러한 연구들을 종합해보면 직업 변화의 방향이나 트렌드는 어느 정도 읽을 수 있습니다.

결국 미래에는 기계나 인공지능이 더 잘하는 일은 기계나 인공지능이 하고, 사람이 잘할 수 있는 일은 사람이 하게 될 것입니다. 인공지능 로봇이 일자리에 투입되고 인간의 일자리를 대신하기 시작하면 사람은 사람이 잘할 수 있는 일들을 찾아야 합니다. 지금도 취업하기가 쉽지 않은데 앞으로는 더 어려워질 수 있습니다. 일자리를 구하기 위해서 지금은 동료나 또래집단과 치열한 경쟁을 해야 하지만 미래에는 인공지능, 로봇과도 경쟁해야 할 것입니다. 고용주 입장에서 보면, 일거리가 생겼을 때 인공지능 로봇을 도입해 자동화를 할지, 아니면 생산성이나 효율성은 떨어지지만 상대적으로 비용이 적게 드는 사람을 고용할지를 선택하게 될 것입니다.

일자리를 구하는 취업준비생 입장에서는 인공지능 로봇으로 자동화하는 것보다 내가 더 잘할 수 있다는 것을 충분히 어필해야 직장을 구할 수 있는 거죠. 물론 고도의 판단력, 민감한 의사결정, 직관력과 미래예측 등이 필요한 일은 기계보다는 숙련된 사람 전문가를 쓸 수밖에 없을 겁니다. 우스갯소리로 제4차 산업혁명시대에도 살아남는 세 개의 직업이 있다는 말을 합니다. 어떤 직업일까요. 바로 성직자, 예술가, 정치가입니다. 인공지능 로봇에게 종교, 예술, 정치를 맡기지는 않을 테니까 말이죠.

트랜스 휴먼 시대의 인간

가깝고도 먼 이웃나라 일본은 만화왕국입니다. 도쿄 거리에 가보면 광고판, 간판 등이 온통 만화로 뒤덮여 있고, 서점에도 만화코너가 큰 비중을 차지하고 있죠. 일본인들은 어릴 때부터 만화를 많이 보고 성인이 되어서도 만화를 즐기는 문화를 갖고 있습니다. 일본만화는 매우 다양하지만 그중에는 미래, 우주, 로봇 등을 다룬 SF 만화도 적지 않습니다. '일본 만화의 신'이라고 불리는 만화가 데즈카 오사무가 1952년부터 그리기 시작한 만화 「우주소년 아톰(원제는 철완 아톰)」은 로봇만화의 고전입니다. 1979년에는 〈은하철도 999〉라는 애니메이션 영화가 개봉돼 엄청난 인기를 누렸습니다. 이 만화영화에 보면 미래 인간은 기계 몸을 얻어 불멸의 삶을 누리는 것으로 나옵니다.

부자들은 인공장기, 인공심장을 구입하여 죽지 않고 살아가는 거죠. 물론 이런 영생의 삶은 불가능할 것입니다. 하지만 생명공학과 로봇기술, 의공학 등 첨단 과학기술이 발달하면 인간의 기대수명은 점점 늘어날 수밖에 없습니다. 옛날 조선시대 왕들의 평균수명은 44세였고, 백성들은 35세 정도로 추정된다고 합니다. 그런데 지금은 어떻습니까. 통계청 발표 자료를 보면, 2016년 현재 기대수명이 남자는 79.3세, 여자는 85.4세입니다. 남녀평균은 82.4세입니다. 평균적으로 현재 우리들은 조선시대 왕들보다 두 배 가까이 더 오래 살고 있습니다. 과학기술과 의학 덕분이겠죠. 기대수명은 점점 늘어날 것이고 머지않아 100세 시대가 올 것입니다. 100세 시대의 인간을 '호모 헌드레드'라고 말하는 사람도 있습니다.

미국의 대표적인 시사주간지로 「타임(Time)」이라는 잡지가 있습니다. 2011년 2월 첫 주에 발간된 「타임」지의 커버스토리는 '2045년, 인간이 불멸의 삶을 얻는 해'였습니다. 왜 2045년일까요. 앞서 살펴본 바와 같이, 미래학자 레이먼드 커즈와일이 기계가 인간능력을 넘어서는 시점, 즉 특이점으로 예견했던 바로 그 2045년을 말하는 것입니다.

옛날에는 '인명은 재천(人命在天)'이라고 했습니다. 사람의 목숨은 하늘에 있다는 뜻입니다. 다시 말해 사람의 수명은 하늘에 달린 거지, 사람이 마음대로 할 수 없다는 것입니다. 하지만 인공장기가 신체를 대체하는 바이오 공학 기술의 발전으로 더 이상 인명은 재천이 아닙니다. 인명은 과학기술과 의학 수준에 달려 있다고 해도 과언이 아닐 정도입니다. 인공수족, 인공신장 등 기계가 인간 몸속으로 들어오고 있고, 인간과 기계 간의 경계는 조금씩 무너지고 있습니다.

현재 기술수준을 보면, 사람의 장기 중 하나가 망가져도 뇌사자의 장기를 이식받아 살 수 있습니다. 다른 동물의 장기를 인간의 몸에 이식하는 이른바 '이종장기' 분야의 연구도 실용화 가능성이 있는 단계에까지 왔다고 합니다. 아울러 전자기기 인공장기 기술도 날로 발전하고 있습니다. 장기 이식 전에 일시적 기능을 대체하고 보조하는 기계장치는 이미 상용화 단계입니다. 콩팥이라고 부르는 신장이 망가졌을 때 환자에게 부착하는 신장투석기는 현재에도 많이 사용되고 있습니다.

〈은하철도 999〉에 나오는 것처럼 인공심장이나 기계 몸을 개발하는 수준까지 가려면 정말 오랜 시간이 필요할 것입니다. 하지만 역사적으로 기술 발전은 언제나 우리의 상상과 기대 이상의 속도로 발전해 왔습니다. 『사피엔스』의 저자 유발 하라리는 "인간이 신을 발명하면서 역사가 시작됐고 인공지능을 만들어 스스로 신이 되면서 현생인류의 역사는 종말을 맞을 것"이라고 말했습니다. 현생인류가 언제까지 계속될지, 현생인류 이후의 인류는 누구일지 등 미래 인간에 대한 상상이 꼬리를 물고 이어집니다.

이제 우리는 '인간이란 무엇인가'에 대해 진지하게 생각하게 됩니다. 가령 '인공장기와 기계 몸을 장착해 우리 몸의 상당 부분이 기계인 인간도 똑같은 인간인가'와 같은 질문을 던져볼 수 있을 것입니다.

20만 년 전 출현한 호모 사피엔스는 맹수처럼 강하지도 못하고 새처럼 날지도 못하는, 힘없는 존재였습니다. 하지만 도구를 만들어 사용하고, 생각하고 상상하는 능력을 가졌기에 만물의 영장이 될 수 있었습니다. 그런데 인간의 오감과 신체 능력은 한계가 있습니다. 그 한계를 넘어설 수 있게 해준 것은 과학기술이었습니다. 캐나다의 문명비평가 마셜 매클루언은 과학기술의 산물인 "미디어는 인간의 확장"이라고 말했습니다. 이게 무슨 말일까요. 미디어가 도구 역할을 해서 인간의 오감과 신체능력을 확장시켜준다는 이야기입니다. 인간의 시각은 몇 킬로미터 밖의 멀리까지 볼 수 없고, 아주 작은 세포 같은 것은 볼 수 없습니다. 하지만 망원경, 현미경은 인간 시각을 확장해 멀리 또는 미세한 것을 볼 수 있게 해줍니다. 사람의 다리는 체력의 한계가 있지만, 자동차, 비행기는 인간 다리를 확장해 멀리 그리고 빠르게 이동할 수 있게 해줍니다. 또한 전화는 인간 청각을 확장해 아무리 멀리 떨어져 있어도 실시간으로 소통할 수 있게 해줍니다.

이제 인류는 사람의 말을 이해하고 사람처럼 생각하는 인공지능을 만들기에 이르렀습니다. 이는 인간 두뇌의 확장이라 할 수 있습니다. 과학기술은 인간의 한계를 극복하는 데서 멈추지 않고 인간 신체의 일부를 대체하기 시작했습니다. 과학이냐 아니냐를 가르는 기준이 된 다윈의 진화론은 적자생존(適者生存) 이론입니다. 회사원들은 우스갯소리로 '메모하고 적는 자가 생존한다'는 의미로 사용하기도 합니다. 적자생존이란 환경에 잘 적응하면 살아남고 그렇지 못하면 도태된다는 이야기입니다. 결국 변화하는 환경에 맞게 적응하고 스스로 변화해야 생존할 수 있다는 것입니다. 인류의 역사는 자연에 적응하고 변화해온 역사였습니다.

이제 인간은 고전적인 진화론을 넘어서려 하고 있습니다. 미래학자 호세 코르데이로는 유전자 조작과 로봇 발달로 현생인류는 신체 기능을 새롭게 변화시킨 종인 '트랜스 휴먼'으로 진화할 것이라고 말했습니다. 그가 말한 트랜스 휴먼은 과학기술이 인간 신체와 융합돼 나타나는 신인류를 말합니다. 신체적·지적으로 지금의 인간을 넘어선다는 의미에서 '포스트 휴먼'이라고도 합니다.

미래에는 인간과 기계가 대결하기보다는 공존하면서 융합이 이뤄질 가능성이 큽니다. 한편으로는 기계가 인간을 닮아가는 기계의 인간화가 이뤄질 것입니다. 인간을 닮은 로봇, 즉 안드로이드가 만들어져 우리의 친구가 될 수도 있습니다. SF 영화 〈블레이드 러너〉나 〈터미네이터〉에 나오는 것 같은 인조인간 로봇이 거리를 활보하고 다닐지도 모릅니다. 다른 한편으로는 인간의 신체가 기계를 받아들이는 인간의 기계화가 진행될 것이라고 생각합니다. 현실을 증강한 증강현실(AR)뿐만 아니라 인간의 지성, 감성, 감각을 증강한 증강인간도 충분히 가능할 수 있습니다. 더 이상 '신체, 터럭, 살갗은 부모에게 받은 것(신체발부 수지부모)'이라는 유교의 가르침에 얽매일 수 없는 시대가 되었습니다. 인공신체, 인공터럭, 인공피부가 가능한 시대입니다.

인간과 컴퓨터 간의 상호작용에 대한 연구도 활발하게 진행되고 있습니다. 휴먼 컴퓨터 인터랙션(Human Computer Interaction)이라 하고, HCI로 줄여서 부르고 있습니다. 인간의 두뇌와 컴퓨터를 연결해 뇌신경 신호를 활용하거나 외부로부터 정보를 유입해 인간의 사유능력을 증강하는 'BCI(Brain-Computer Interface) 기술'을 예로 들 수 있습니다. 이는 뇌파신호를 이용해 컴퓨터를 사용할 수 있는 기술입니다. 두뇌에서 이루어지는 의사결정 과정에서의 뇌파 신호를 센서로 전달하고 컴퓨터에서 해당 명령을 실행하게 하는 것입니다. 인간의 뇌와 컴퓨터가 연결되는 그야말로 혁신적인 기술입니다. 아마 미래에는 뇌과학과 컴퓨터과학의 접목으로 생각만으로도 컴퓨터나 기계를 움직일 수 있게 될 가능성이 높습니다.

인간은 과학발전을 통해 인간의 위대함을 증명해왔습니다. 오늘날 과학은 인간의 말을 알아듣고 인간처럼 사유하는 인공지능을 만들고 있습니다. 혹자는 인공지능을 인간의 마지막 발명품이라고 이야기합니다. 인공지능은 인간의 지능을 모방한 첨단기술입니다.

이렇게 과학은 고도로 발전해왔지만 아직 미지의 영역은 남아 있습니다. 과학이 완전히 밝혀내지 못하고 있는 영역이 바로 뇌과학입니다. 여전히 인간의 뇌는 대부분 미지의 영역입니다. 우주의 탄생, 인간 유전체의 비밀도 밝혀냈지만 인간 뇌의 작동기제는 완전히 밝혀내지 못했습니다. 미국은 뇌과학이 가장 앞선 나라입니다. 그런데도 뇌과학의 중요성을 강조하면서 '브레인 이니셔티브'라는 연구를 추진하고 있습니다. 미국의 제44대 대통령 버락 오바마는 2013년

4월 브레인 이니셔티브를 강조하는 연설에서 이렇게 말했습니다.

"인류는 수 광년 멀리의 은하계도 밝힐 수 있고 원자보다 작은 입자도 연구할 수 있지만, 아직도 우리 귀 사이에 존재하는 1.4킬로그램짜리 물체의 수수께끼를 풀지 못하고 있습니다."[11]

뇌의 신비까지 밝혀낼 때 인류의 과학 수준은 그야말로 최절정에 달하게 될 것입니다. 어쩌면 완전히 새로운 세상이 될지도 모릅니다. 인간은 오랜 세월동안 과학기술을 발전시켜왔지만 한편으로는 인간 스스로도 진화해왔습니다. 20만 년 전 호모 사피엔스와 현재 인류는 겉모습뿐만 아니라 능력 면에서도 큰 차이를 갖고 있습니다. 어쩌면 완전히 다른 종으로 진화했는지도 모릅니다.

인공지능 기계와 공존해야 하는 미래 인간은 어떠할까요. 지금의 인간과는 완전히 다를 것입니다. 트랜스 휴먼, 포스트 휴먼으로 일컬어지는 신인류는 공상과학소설에나 나오는 먼 미래 이야기가 아닙니다. 기술문명은 인간소외 현상, 인간 정체성의 혼란 등의 부작용을 불러올 수 있습니다. 그렇다면 우리는 미래에는 첨단기술과 인간이 어떻게 공존해야 할지에 대한 성찰을 해야 합니다. 로봇이나

11 한국과학기술연구원, 「KIST 과학기술전망 2016」, 2016, 16쪽에서 재인용.

인공지능으로 일어날 수 있는 법적인 문제, 윤리문제 등을 포함해서 기술과 공존하고 공생하는 인간상을 정립해야 할 것입니다. 과학자와 철학자가 머리를 맞대고, 인문학과 과학기술이 함께 고민해야 할 숙제라고 생각합니다.

문명과 문화

인류의 역사는 인간이 대자연 속에서 살면서 과학과 기술을 발전시켜 문명을 이루고 사람답게 사는 문화를 만들어온 역사입니다. 우리는 문명이라는 말과 문화라는 말을 많이 사용합니다. 문명과 문화는 같은 것일까요, 다른 것일까요. 영어나 프랑스어에서는 문명(civilisation)과 문화(culture)의 의미가 비슷합니다. 둘 다 인간이 자연 상태에서 벗어나 물질적으로 그리고 정신적으로 진보한 상태를 뜻합니다. 프랑스 문명이라 말하든지 아니면 프랑스 문화라고 말하든지 별 차이가 없고, 서구 문명과 서구 문화도 비슷한 의미입니다.

하지만 독일어에서는 좀 다릅니다. 독일어에서 문명(Zivilisation)은 기계·건축물 등 물질적인 진보를 가리키고, 문화(Kultur)는 형이상학적인 가치관·사상·종교·학문 등 정신적인 부분을 가리킵니다. 그러면 우리말은 어떨까요. 우리말에서는 영어나 프랑스어의 의미와 독일어의 의미를 동시에 수용하고 있어 오히려 좀 더 복잡합니다.

넓은 의미에서의 문화는 문명을 포함하는 총체이고, 좁은 의미에서의 문화는 독일어의 뉘앙스를 갖습니다. 그래서 기술문명이라는 말은 있어도 기술문화라고 말하지는 않습니다. 또한 정신문화라는 말은 있지만 정신문명이라는 말은 좀 어색합니다. 문화라는 용어를 사용할 때 넓은 의미인가 좁은 의미인가를 구분해야 합니다. 『사전』에 찾아보면, 문명에 대해 '인류가 이룩한 물질적·기술적·사회구조적인 발전, 자연 그대로의 원시적 생활에 상대하여 발전되고 세련된 삶의 양태를 뜻한다. 흔히 문화를 정신적·지적인 발전으로, 문명을 물질적·기술적인 발전으로 구별하기도 하나 그리 엄밀히 구별할 수 있는 것은 아니다'라고 설명돼 있습니다.

문명과 문화의 생성과 발전에서 과학과 기술은 지대한 역할을 했습니다. 문명, 문화와 과학기술과는 어떤 관계일까요. 과학과 기술은 인류문명사를 이끌어온 원동력입니다. 과학기술이 없었다면 인간은 여전히 동물 세계에서 야생의 맹수들과 생존경쟁을 하면서 살아야 했을 것입니다. 수레바퀴, 종이, 화약, 나침반, 증기기관, 자동차, 비행기, PC, 인터넷, 휴대폰 등 인류역사를 바꿔놓은 모든 발명품은 과학과 기술의 산물입니다. 이러한 유형의 산물들은 기술문명이라고 할 수 있습니다. 그리고 과학적 세계관, 합리적 정신, 과학에 대한 관심과 이해 등은 문화라고 할 수 있습니다.

영국의 역사학자 아놀드 토인비는 "인간의 역사는 도전과 응전의 역사"라는 유명한 말을 남겼습니다. 가혹한 자연환경이나 끊임없는 혼란과 위협, 침입 등에 대한 응전에 성공하면 계속 존속·발전할 수 있고 실패하면 소멸한다는 뜻입니다. 인간은 도전을 맞아 응전하는 존재입니다. 과학기술과 문명은 도전과 응전의 과정을 거치면서 역사적으로 발전해왔습니다. 문명의 이기(利器)는 인간에게 편리함이나 안전 등의 편익을 주며 어느 정도 행복감도 가져다주지만, 때로는 부작용을 동반하기도 합니다.

석기시대보다는 철기시대가 편리하고 철기시대보다는 오늘날이 훨씬 편리합니다. 하지만 과학연구와 기술개발로 새로운 문명의 이기가 추가될 때마다 새로운 위험들이 하나둘씩 나타나게 됩니다. 핵은 청정에너지이고 에너지 효율이 매우 높지만 방사능이라는 무서

● 새로운 문명의 이기가 추가될 때마다 새로운 위험도 하나둘씩 생겨난다.

운 위험을 동반합니다. 노벨이 발명한 폭탄은 채굴과 발파작업에 도움을 주었지만 전쟁무기로 사용될 수 있는 위험을 낳았습니다. 오늘날 우리가 매일매일 사용하는 스마트폰은 언제 어디서나 다른 사람들과 연결시켜주고 소통할 수 있게 해주는 편리한 기계입니다. 하지만 대신 해킹의 위험, 사생활 침해의 위험을 감수해야만 합니다.

무엇보다 문명은 우리의 업무속도, 이동속도, 연결속도를 빠르게 해줍니다. 계산기, 컴퓨터, 디지털 공작기기 덕분에 사람들은 더 빠르고 정확하게 업무를 처리할 수 있습니다. 자동차, 비행기, 전철 등 교통수단은 우리를 더 빨리 이동할 수 있게 해줍니다.

제4차 산업혁명의 주요기술인 5세대 이동통신(5G)는 4G보다 20배 이상 빠릅니다. '더 높이, 더 멀리, 더 빨리'라는 올림픽의 이상은 궁극적으로 과학기술문명이 추구하는 이상과 별로 다르지 않습니다. 과학기술의 발전으로 힘든 노동은 기계로 대체되고 있고 대량화와 자동화를 넘어 이제는 사이버와 물리세상의 통합을 추구하는 제4차 산업혁명이 진행되고 있습니다. 제4차 산업혁명이 가속화되면 인간노동을 대체하는 기계노동은 점점 늘어날 것입니다. 기계노동이 늘어나면 인간의 노동시간은 줄어들고 여유시간은 늘어날 수밖에 없습니다.

노동시간을 줄여주고 업무속도를 높이는 것은 과학기술 기반의 문명입니다. 이렇게 해서 늘어난 여가시간을 사람들은 더욱더 여유롭게 사용하고 싶어할 것입니다. 망중한(忙中閑), 즉 바쁜 가운데 여유로움을 즐기고 천천히 음미하면서 음식을 먹고 여유 있게 거니는 것은 문화생활입니다.

이렇게 본다면 삶의 속도를 빠르게 해주는 것이 문명이고 오히려 이를 천천히 이완시켜주는 것은 문화라고 할 수 있습니다. 단 3분 만에 사진을 찍고 인화할 수 있는 즉석사진은 문명이고, 산과 들을 찾아다니며 명장면을 포착해 멋진 사진 단 몇 장을 건지려고 여유 있게 기다리는 것은 문화입니다. 여유를 추구하는 슬로푸드, 슬로라이프도 삶을 즐기는 인간의 문화입니다. 어찌 보면 속도는 문명과 문화를 구분하는 척도라고 할 수 있습니다. 과학과 기술이 인간에게 가져다준 최고의 혜택은 인간에게 더 많은 시간을 준 것입니다. 평균수명도 늘어나고 여유시간도 점점 늘어날 거니까 말입니다. 산업혁명 이후 산업화 시대의 슬로건이 '빨리 빨리'였다면 미래에는 아마도 '천천히 느리게' 사는 삶에 더 관심을 기울일 것입니다.

또 한 가지 꼭 유의할 것이 있습니다. 과학과 기술이 문명을 발전시켜왔고 인류를 진보로 이끌어왔지만 과학과 기술, 발명과 발견이 늘 좋은 것만은 아닙니다. 과학기술이 발전하면 할수록 과학기술이 무엇을 위한 것인지, 과학기술은 어떤 방향으로 발전해야 하는지 등에 대한 근본적인 성찰이 필요합니다. 과학기술의 발전은 산업화·도시화·근대화를 이루는 데서 핵심적인 엔진이었지만 그 부작용도 적지 않았습니다. 기계화·자동화로 인한 대량실업 문제 등 사회적 부작용만을 이야기하는 것은 아닙니다. 가장 심각한 것은 그 과정에서 자원을 지나치게 개발하고 자연을 훼손하고 환경을 오염시키는 등의 문제를 불러왔다는 것입니다. 대표적인 문제가 기후변화(climate change)입니다.

역사적으로 장기간에 걸쳐 지구의 온도는 조금씩 올라가고 있습니다. 이를 '지구온난화'라고 합니다. 지구온난화로 인해 기후변화가 일어나고 있으며 그 주범은 온실가스입니다. 온실가스의 배출은 에너지, 수송, 산업, 건축 등 다양한 분야에서 산업화와 개발이 이루어지기 때문입니다. 특히 산업혁명과 함께 석탄, 석유, 천연가스 등의 화석연료를 사용하면서 이산화탄소를 많이 배출한 것이 가장 큰 원인입니다. 기후변화가 계속되면 바닷물의 온도가 올라가고 북극과 남극의 빙하가 녹으며 해수면이 높아지게 됩니다. 한반도 주변의 해수면만 보더라도 지난 100년간 평균 6센티미터가 높아졌습니다. 하나뿐인 지구는 위기를 맞고 있습니다. 기후변화가 계속되면 지구는 사람과 생명체가 더 이상 살기 힘든 행성이 될 수도 있습니다.

과학기술계에서는 지금 산업혁명의 핵심기술을 이야기하고 있지만 기후변화는 이것보다 훨씬 심각한 문제입니다. 네덜란드의 과학자 파울 크뤼첸(Paul Crutzen)은 2000년에 인류세(人類世, Anthropocene)라는 용어를 처음 제안했습니다. 그는 1995년에 노벨 화학상을 수상했던 과학자입니다. 크뤼첸은 산업혁명이 본격화되던 1800년 이후 인간은 에너지를 지나치게 소비해왔고 대기, 물, 토양 등을 훼손하는 등 주변 환경에 미치는 영향력이 강력해져 인류라는 단 하나의 종이 지구환경을 좌우하는 새로운 지질학 시대에 진입했다고 주장합니다. 지질시대 구분에서는 홍적세·충적세 등으로 명명하는데, 인류가 절대적인 영향력을 미치는 시기라는 의미로 인류세라는 말을 만든 겁니다.

인류세의 가장 큰 특징은 인류에 의한 자연환경 파괴입니다. 그의 주장은 나름대로 설득력이 있습니다. 빅 히스토리의 창시자 크리스천은 그 근거로 객관적 수치를 제시합니다.[12] 1900년 이후 지구 인구는 4배로 증가했고 인류가 사용하는 에너지는 14배 증가했습니다. 또한 한 통계에 따르면 광합성을 통해 생물권으로 들어가는 모든 에너지 가운데 우리 인류가 사용하는 비중은 25~50퍼센트라고 합니다.

이렇게 과학기술은 인류에게 엄청난 혜택을 가져다주었지만, 다른 한편으로는 위험과 부작용을 안겨주었습니다. 하지만 그렇다고 과학기술을 버리고 과학기술이 덜 발달한 중세시대나 석기시대로 되돌아갈 수는 없습니다. 과학기술로 야기된 문제는 결국 과학기술로 해결해야 합니다. 인공지능, 사물인터넷 등 제4차 산업혁명도 중요하지만 좀 더 근본적인 지구환경 보존과 지속가능성 등에 대해 과학기술이 더 많은 관심을 기울여야 할 것입니다.

---

12 데이비드 크리스천, 조지형 옮김, 『빅 히스토리-한 권으로 읽는 모든 것의 역사』, 해나무, 2013, 398쪽.

제4차 산업혁명으로 인한 교육의 변화에 대해 전문가들은 나름대로의 분석과 예측을 내놓고 있습니다. 가령 국제적인 컨설팅·연구 전문기관인 딜로이트(Deloitte Development LLC)는 교육 환경 변화를 분석하면서 2020년 교육의 미래 모습을 전망했습니다. 2020년경에는 시각적 학습·디지털화·증강 현실 등 기술 발전으로 인해 교실에 대한 기존의 정의는 진부한 것이 되고, 대신 경계가 없고 개별적이며 역동적인 교육이 새로운 표준이 될 것이라고 예측했습니다.

대학의 변화를 예측해본다면 첫째, 장소·공간으로서의 학교의 의미가 퇴색할 것입니다. 미래에는 시간과 장소에 구애받지 않고 언제 어디서나 자유롭게 접속해 학습할 수 있게 될 것입니다. 지금도 세계 어느 지역에 있건 하버드나 MIT의 명강의를 무크로 들을 수 있고, 명문 아이비리그 대학교보다 경쟁률이 더 높은 신생 대학교 미네르바 스쿨은 아예 100퍼센트 온라인 토론방식으로 수업이 이루어지고 있습니다.

둘째, 교수, 강사의 역할과 교수학습의 내용이 근본적으로 바뀔 것입니다. 미래교육은 지식이나 기술 전달보다는 생각하는 힘을 길러주고 역량을 키워주는 교육 중심으로 이루어질 것입니다. 따라서 교수자의 역할은 교육과정이나 교수학습 자료에 나와 있는 지식을 전달하고 가르치는 것이 아니라 학습방향을 지도하고 문제해결 역량을 키워주며 잠재력을 발휘할 수 있도록 코칭하는 것입니다. 교수는 가르치는 것(teaching)이 아니라 멘토링(mentoring)이나 코칭(coaching)하는 사람이 돼야 한다는 것입니다.

셋째, 교수학습 방법에도 첨단테크놀로지가 활용돼 교육혁신이 이루어질 것입니다. 빅 데이터, 5G, 클라우드, 인공지능 등 제4차 산업혁명을 이끄는 지능정보기술이 대학교육에 전면적으로 도입될 것입니다. IT 기술 기반의 교육 사업, 즉 에듀테크 산업도 빠르게 발전할 것이고, 강의실 환경은 디지털 기반으로 완전히 재설계될 것입니다. 종이책은 디지털 교재로 대체되고, 오프라인 강의보다는 개인 맞춤형 온라인 수업, 주입식 집체 강의보다는 팀 프로젝트 기반의 집단학습이 더 중요해질 것입니다. 현재의 대학은 고등교육기관일 뿐이지만 미래에는 일생 동안 새로운 지식을 학습할 수 있는 개방형 평생교육기관으로 변화하게 될 가능성도 있습니다.

맺음말

제4차 산업혁명이 가져올 미래사회는 어떤 모습일까요. 가까운 미래라면 어느 정도 예측이 가능합니다. 가령 1년 후 , 3년 후 어떤 기술들이 나올 수 있는지, 현재의 기술이 1년 후에는 어느 정도 발전할 수 있을지 등은 어느 정도 예측 가능합니다. 하지만 30년 후의 미래, 50년 후의 미래라고 하면 예측하기 힘듭니다. 거의 불가능한 일입니다. 먼 미래는 예측하는 것이 아니라 상상해야 하는 것입니다.

아주 가까운 미래가 아니라면 미래는 예측이 어렵습니다. 그렇다고 미래를 준비하지 않아도 되는 것은 아닙니다. 가까운 미래건 먼 미래건 더 나은 미래를 원한다면 그만큼 노력을 기울이고 뭔가를 부지런히 준비해야겠지요. 지금 공부하지 않으면서 좋은 대학 가기를 바랄 수는 없고, 지금 열심히 일하지 않으면서 성공하기를 바랄 수는 없는 법입니다. 현재 하고 있는 것, 지금 미래를 위해 준비하고 있는 것의 결과가 우리의 미래가 되는 것이죠.

그렇다면 막연히 미래를 준비하기보다는 좀 더 과학적이고 객관적인 방법으로 준비하는 것이 좋을 겁니다. 제4차 산업혁명의 미래를 예측하기 위해서는 현재 진행되는 제4차 산업혁명의 양상과 핵심기술 등을 어느 정도 이해해야 합니다. 미래 유망 직업을 예측하기 위해서는 전문가들의 분석에도 귀를 기울이고 신기술 개발의 동향과 산업계의 흐름 등에 대해서도 공부해야 합니다.

인생은 장거리 달리기 같은 것입니다. 멀리 계속 달려야 하는데 땅만 쳐다볼 수는 없습니다. 당장 땅만 보고 달리는 사람과 앞을 보며 달리는 사람은 차이가 많을 것입니다. 앞이 불투명해 잘 보이지 않을 때는 전조등을 비추면서 달려야 합니다. 그 전조등에 해당하는 것이 바로 미래예측입니다. 청소년과 학생들도 미래에는 사회에 진출해서 일자리를 구해야 할 것입니다. 제4차 산업혁명으로 인해 직업세계가 많은 변화를 겪게 될 것이라면 그 변화의 방향을 읽어내는 것이 중요합니다. 어떤 일자리와 일거리가 유망하고 미래에는 어떤 인재를 필요로 하는가에 관심을 기울여야 합니다.

물론 스스로가 경쟁력을 가진 인재가 된다면 일자리 걱정을 하지 않아도 될 것입니다. 제4차 산업혁명으로 사회가 아무리 많이 바뀐다 해도 여전히 사회는 인재를 필요로 합니다. 단, 현재의 미래상과 미래의 미래상은 같지 않을 것입니다.

어떤 인재가 유능한 인재인가를 보여주는 것을 '인재상(人材像)'이라고 합니다. 인재상은 시대에 따라 변합니다. 가령 못살고 굶주리던 사람이 많았던 옛날 보릿고개 시절의 인재상은 부지런하고 솔선수범하는 인재였습니다. 사상 유례 없는 빠른 경제성장 덕분에 물질적으로 살 만한 세상이 되면서부터는, 성실한 인재보다는 이해력이 뛰어나고 창의적인 인재가 각광받기 시작했습니다.

앞으로 제4차 산업혁명시대를 이끌어갈 인재는 어떤 인재일까요. 앞서 이야기했듯이 제4차 산업혁명은 특정한 첨단기술이 가져온 기술혁명이 아닙니다. 여러 가지 기술의 연계와 융합으로 빚어지는 사회전반적인 변화이기에 모든 분야에서 변화는 불가피합니다. 적어도 미래인재상은 산업화 시대의 전통적 인재상과는 아주 다를 것입니다. 한 분야에만 정통한 인재를 'I자형 인재'라고 하고, 여러 가지 다양한 관심을 갖고 영역을 넘나들 수 있는 인재를 'T자형 인재'라고 합니다. 창의교육 전문가들은 과거에는 I자형 인재가 많았지만 미래에는 T자형 인재가 훨씬 더 필요할 것이라고 말합니다. 요즘 중·고등학교에서는 STEAM(스팀)이라 약칭하는 '융합인재교육'을 하고 있습니다. 과학(Science)·기술(Technology)·공학(Engineering)·예술(Arts)·수학(Mathematics) 등의 소양을 두루 갖춘 인재를 기르기 위해 도입한 교육입니다. 융합인재는 다양한 관점으로 사고할 수 있고, 복합적 문제해결능력을 갖춘 창의적 인재를 말합니다.

그러면 미래인재에게 필요한 덕목과 역량은 뭘까요. 제4차 산업혁명 담론의 진원지인 다보스 포럼은 21세기 학생들에게 필요한 스킬 열여섯 가지를 제시했습니다. 제4차 산업혁명시대의 인재상이라 해도 무방할 것입니다. 미래인재에게 필요한 스킬을 크게 기초소양과 역량, 그리고 성격적 특성으로 나누고 세부적인 스킬을 제시했습니다.

기초소양으로는 글을 읽고 쓸 줄 아는 문해력, 사칙연산과 계산을 할 수 있는 산술능력, 과학에 대한 기본소양, 컴퓨터에 대한 지식을 의미하는 ICT 소양, 경제에 대한 이해를 바탕으로 하는 금융소양, 문화적인 시민소양 등 여섯 가지를 꼽았습니다. 그리고 역량으로는 비판적 사고력 및 문제해결능력, 창의력, 소통능력, 협업능력 등 네 가지를 들었습니다. 마지막 성격적 특성으로는 호기심, 진취성, 지구력, 적응력, 리더십, 사회문화적 의식 등 여섯 가지를 꼽았습니다. 만약 세계경제포럼이 열거한 열여섯 가지 스킬을 완벽하게 갖춘다면 누가 봐도 창의적 융합인재일 것입니다. 하지만 이런 인재는 현실세계에서는 찾아보기 힘든, 아주 이상적인 인재에 가깝습니다.

사람은 누구나 잘하는 분야가 있습니다. 모든 분야에서 다 잘하는 사람은 극히 드물 것입니다. 뭐든지 잘하는 팔방미인을 우리는 '엄친아' '엄친딸'이라고 부릅니다. 가상의 인물이거나 능력을 지나치게 과장한 사람일 겁니다. 국어, 영어, 수학은 기본이고 과학과 예술, 체육까지 잘하는 인재가 현실적으로 가능하기나 할까요. 미래인재에게는 학제적 관심과 초학문적 능력이 필요하다고 합니다. 학문의 경계를 뛰어넘어 다양한 시각으로 현상을 이해하는 능력을 말합니다. 또한 다른 분야 전문가와 소통하고 협력할 줄 아는 능력도 있어야 합니다. 그래야 융합인재가 될 수 있습니다. 하지만 융합인재가 되려고 하기 전에 가장 기본적인 전제가 충족돼야 합니다.

우선은 한 분야에서 남보다 탁월한 인재가 돼야 한다는 것입니다. 서양속담에 '모든 것을 잘하는 사람은 특별히 잘하는 것은 없다'고

했습니다. 동양에서는 이런 사람을 '박이부정(博而不精)'이라고 합니다. 두루두루 알되 능숙하거나 정밀하지 못하단 뜻입니다. 능숙하고 정밀한 분야가 먼저입니다. 쿵푸 액션 스타 브루스 리(Bruce Lee)는 이런 명언을 남겼습니다.

> "나는 만 가지 발차기를 구사하는 사람은 두렵지 않다. 내가 두려운 사람은 한 가지 발차기만 연마한 사람이다."

미래에도 무서운 힘을 발휘하는 사람은 전문가일 것입니다. 전문가 중에서 융합인재가 나오는 법입니다. 여기저기 얕은 우물만 많이 파려고 하지 말고 한 우물부터 제대로 파야 합니다. 미래에는 한 우물만 파는 것도 위험할 수 있겠지만, 한 우물도 제대로 안 파는 것은 가장 위험할 것입니다. 일단 유망한 분야를 정하고 그 분야의 전문가가 되는 것이 좋습니다. 유망기술과 관련된 전문가면 더더욱 좋습니다. 그것이 미래를 준비하는 가장 확실한 방법입니다.

마지막으로 한 가지. 기술문명이 발전할수록 우리는 '인간은 왜 사는가, 인간은 누구인가' 등 답이 없는 철학적 질문을 끊임없이 던져야 합니다. 프랑스의 실존주의 철학자 장 폴 사르트르와 계약결혼을 했던 시몬 드 보부아르라는 여성철학자가 있습니다. 그녀가 쓴 에세이집 중에는 『피뤼스와 시네아스』라는 책이 있습니다.

피뤼스는 고대 그리스의 왕이고, 시네아스는 그의 신하였습니다.

이 책의 「프롤로그」에 보면 플루타르코스가 소개한 피뤼스와 시네아스의 대화가 나옵니다. 피뤼스가 정벌계획을 말하며, 어디를 먼저 정복하자고 하면 시네아스는 "그다음은?"이라고 묻고, 다시 어디를 침략하자고 하면 또 "그다음은?"이라고 묻습니다. 그러기를 여러 번 반복한 후 "그다음은?"이라고 묻자, 피뤼스는 한숨을 쉬며 "그러고는 휴식할 것"이라고 말합니다. 결국 휴식할 거면서 왜 지금 당장 휴식하지 않느냐고 시네아스는 묻습니다. 야심 찬 정벌계획과 목표를 가진 피뤼스 왕, 그래봐야 결국은 휴식할 텐데라며 정벌을 말린 신하 시네아스, 이 둘 중 누가 더 현명할까요. 곰곰이 생각해보면 이 에피소드는 우리에게 인간은 왜 사는가, 인생의 목적은 무엇인가라는 질문을 던지고 있습니다.

우리는 살면서 많은 일을 합니다. 한 가지 일을 끝내면 또 다른 뭔가를 계획하고 그 일이 끝나면 또 다른 일을 찾습니다. 괴테는 『파우스트』에 '오직 영원한 것은 저 푸른 생명의 나무'라고 썼습니다. 모든 일에는 시작이 있고 끝이 있습니다. 영원불멸한 것은 없습니다. 우리의 삶도 생로병사를 거쳐 결국은 죽음으로 끝난다는 것을 누구나 알고 있습니다. 언제 죽을지 모르지만 우리는 현재 아등바등 힘을 다해 살고 있습니다. 그다음과 끝을 생각하면 지금이 별 의미가 없을지도 모릅니다. 인생의 끝은 죽음이고 등산의 끝은 하산이며, 여행의 끝은 귀가이고 직장생활의 끝은 퇴직입니다. 끝을 알면서도 우리는 살고 산을 오르고 여행을 떠나고 직장에 다닙니다. 정답을 알지 못하고 알 수도 없는 것이 인생입니다. 그게 인간의 삶입니다.

앞서 우리는 인간의 역사를 살펴보았고 과학과 기술이 문명과 문화를 이루었으며 제4차 산업혁명으로 미래에는 인공지능 로봇과 인간이 함께 사는 세상이 올 것이라는 이야기를 했습니다. 이런 빠른 변화를 이해하고 변화의 트렌드를 파악하여 미래를 준비해야 한다는 이야기도 했습니다.

이 모든 것보다 궁극적 것은 인간이 왜 사는가, 어떻게 살아야 하는가의 문제입니다. 이런 질문을 끊임없이 던지는 것이 인간 존재의 학문, 즉 인문학입니다. 인문학적 관심은 인간 삶의 기반이 되어야 합니다. 기술문명이 이무리 발전해도 인문학적인 질문에 대한 답을 주지는 않습니다. 태생적으로 인간은 생각하고 고뇌하고 상상하는 동물입니다. 그런 아름다운 과정이 바로 인간의 삶입니다. 프랑스의 대문호이자 현대 프랑스의 초대 문화부 장관이었던 앙드레 말로는 이렇게 말했습니다.

"인간의 삶보다 소중한 것은 없다."

미래에도 마찬가지일 것입니다.

참고도서

김대식, 『김대식의 인간 vs 기계』, 동아시아, 2016.

데이비드 크리스천 · 밥 베인, 조지형 옮김, 『빅 히스토리——한 권으로 읽는 모든 것의 역사』, 해나무, 2013.

변재규, 『과학의 지평』, MiD출판사, 2017.

블레즈 파스칼, 방곤 옮김, 『팡세』, 신원출판사, 2003.

시몬 드 보부아르, 박정자 옮김, 『모든 사람은 혼자다』, 꾸리에, 2016.

왕지아펑 외 7인, 양성희 · 김인지 옮김, 『대국굴기——세계를 호령하는 강대국의 패러다임』, 크레듀, 2007.

유발 하라리, 조현욱 옮김, 『사피엔스』, 김영사, 2015.

이강환, 『빅뱅의 메아리』, 마음산책, 2017.

이종호, 『4차 산업혁명과 미래직업』, 북카라반, 2017.

임경순 · 정원, 『과학사의 이해』, 다산출판사, 2014.

장재준 · 황온경 · 황원규, 『4차 산업혁명, 나는 무엇을 준비할 것인가』, 한빛비즈, 2017.

차두원 · 김서현, 『잡킬러』, 한스미디어, 2016.

최연구, 『4차 산업혁명시대 문화경제의 힘』, 중앙경제평론사, 2017.

최연구, 『미래를 보는 눈』, 한울엠플러스, 2017.

최연구 · 윤종현 외, 김신 그림, 『4차 산업혁명시대의 과학문화와 창의성』, 한국과학창의재단, 2018.

한국과학기술연구원, 『KIST 과학기술전망 2016』, 2016.

허버트 조지 웰스, 김희주 · 전경훈 옮김, 『세계사산책』, 2017.

4차 산업혁명과 인간의 미래,
나는 어떤 인재가 되어야 할까

펴낸날 초판 1쇄 2018년 6월 15일
초판 3쇄 2020년 3월 9일

지은이 최연구
펴낸이 심만수
펴낸곳 (주)살림출판사
출판등록 1989년 11월 1일 제9-210호

주소 경기도 파주시 광인사길 30
전화 031-955-1350 팩스 031-624-1356
홈페이지 http://www.sallimbooks.com
이메일 book@sallimbooks.com

ISBN 978-89-522-3935-8 43500
살림Friends는 (주)살림출판사의 청소년 브랜드입니다.

※ 값은 뒤표지에 있습니다.
※ 잘못 만들어진 책은 구입하신 서점에서 바꾸어 드립니다.

이 도서의 국립중앙도서관 출판시도서목록(CIP)은 서지정보유통지원시스템 홈페이지(http://seoji.nl.go.kr)와 국가자료공동목록시스템(http://www.nl.go.kr/kolisnet)에서 이용하실 수 있습니다.(CIP제어번호: CIP2018016589)